新时代中华传统文化知识丛书

中华传统小吃

李燕　罗日明　主编

U0312497

应急管理出版社
·北京·

图书在版编目（CIP）数据

中华传统小吃／李燕，罗日明主编 ． -- 北京：应急
管理出版社，2024

（新时代中华传统文化知识丛书）

ISBN 978 - 7 - 5237 - 0078 - 5

Ⅰ.①中… Ⅱ.①李… ②罗… Ⅲ.①风味小吃—中国
Ⅳ.①TS972.116

中国国家版本馆 CIP 数据核字（2023）第 234434 号

中华传统小吃（新时代中华传统文化知识丛书）

主　　编	李　燕　罗日明	
责任编辑	郑　义	
封面设计	薛　芳	

出版发行　应急管理出版社（北京市朝阳区芍药居 35 号　100029）
电　　话　010 - 84657898（总编室）　010 - 84657880（读者服务部）
网　　址　www.cciph.com.cn
印　　刷　天津睿意佳彩印刷有限公司
经　　销　全国新华书店

开　　本　710mm × 1000mm$^1/_{16}$　**印张**　9　**字数**　100 千字
版　　次　2024 年 8 月第 1 版　2024 年 8 月第 1 次印刷
社内编号　20231297　　　　　　**定价**　39.80 元

序 言

　　说到中国的传统文化，大家会首先想到传统服饰或传统节日，再想想或许能想到剪纸、刺绣之类的传统手工艺。其实，传统特色美食也是中华传统文化的一部分。中华传统美食除了我们在宴席和餐桌上常见的菜肴，还包含街头巷尾贩卖或自家制作的小吃和点心。

　　我国幅员辽阔、地大物博，不同地区有着不同的文化和习俗，而这些不同也体现在了饮食中。现在的人们去外地旅游，回家时总会给亲朋好友带上一些特产，而各地的特色小吃通常会成为首选，这足以说明小吃能够作为某一地区的文化标签。

　　再者，大多数长期在外地工作或学习的人有过思念家乡美食的经历，一旦回到家乡一定会先来一份心心念念的家乡小吃，而这几乎也成为一种别样的"传统"。

　　在人类还未学会用火的原始社会时期，人们吃的食物都是未经烹制的。随着时代的发展和社会的进步，人们对饮食的要求越来越高，不仅追求味道，还十分在意美感。如今，色、香、味俱全俨然成为人们评判美味佳肴的标准。

我们熟悉的名著《红楼梦》中就生动地描写了当时的饮食文化，糖蒸酥酪、木樨清露、螃蟹馅小饺、桂花糖蒸新栗粉糕……光听这些小食的名称就让人垂涎三尺。这些小食制作精细且讲究，无不彰显着我国古代饮食的传统特色。除开这些古代上层人士食用的精致小吃，还有很多普通平民吃的家常美味，如各种面点、饼食等。当然，这些平民美食也不乏从民间传入宫廷的"佼佼者"。

本书根据我国的地域结构分七章向读者介绍各个区域具有代表性的小吃，以及它们的由来或传说等，让读者感受中华传统小吃的独特魅力。

目 录

第三章　华北地区传统小吃

第四章　华东地区传统小吃

第一章

古代的
传统小吃

一、民以食为天

司马迁在《史记·郦生陆贾列传》中云："王者以民人为天，而民人以食为天。"可见饮食的重要性。中华美食作为中国传统文化的一部分，越来越受到人们的青睐。

唐代的司马贞为《史记》作索隐时指出，司马迁的"民以食为天"一语出自管仲的"王者以民为天，而民以食为天，能知天之天者，斯可矣"。《尚书·洪范》中提出的治国"八政"也以"食"为首。由此我们不难看出，在古时候，饮食被放到了和君王统治一样的高度。

自人类文明出现后，就有了饮食文化，并且饮食文化存在于全世界，这是因为摄入食物是人类及世间所有生灵生存下去的基本条件。在生活物质条件相对匮乏的时期，人类最基本的需求就是吃饱饭。随着时代的发展和进步，人们的生活质量得到了大幅提升，他们对食物的要求也越来越高。

2012 年 5 月，《舌尖上的中国（第一季）》在央视热播，这部美食纪录片以纪实的叙事方式，向观众展示了中国各地的饮食文化，也揭示了美食所展现的地域特色和传统文化的内涵。在我国辽阔的土地上，各地独具特色的饮食文化，造就了不同的饮食特色和习惯。

我们常说的中国"八大菜系"（鲁菜、川菜、粤菜、淮扬菜、闽菜、浙菜、湘菜、徽菜），在烹饪方法和风味上就各具特色，且有着深厚的历史渊源。一般来说，地域不同，饮食习惯也会有差异。华北地区的主食多以面食为主，菜品口味较重；华东地区的主食则以大米为主，菜品口味清淡；华南地区的人们鲜有忌口，并喜水产品。真可谓一方水土养一方人。

特色小吃是地方美食的重要组成部分，也是我国饮食文化中不可缺少的一部分。我们到外地旅游，除了游览著名景点、购买一些当地特产之外，还会品尝那里的特色小吃。可见，小吃已经成为当地的特有标签，游客可以通过小吃去了解那里的物产、感受那里的风俗。

在长期的生产生活中，中国人积累了丰富的制作鲜美饮食的经验。这些美食不仅独具特色，更蕴含着人们的生存智慧。

二、秦汉小吃，荤素皆具

秦朝时，人们在食物的烹制方法上与先秦时期大致相同。到了文化大融合的汉朝，食物的种类增多，饮食的花样增多，小吃的种类也多了起来。

秦汉时期，牛和马是人们的农耕工具和交通工具，所以可以用来食用的畜禽多为羊、猪、鸡、鸭、鹅等。《释名》中记载了一种名为"衔炙"的方法，就是将鸭、鹅的肉切碎，用姜和盐等调料调和后裹于签子上炙烤，类似于我们今天的烧烤。

尽管当时的畜牧业十分发达，但肉食仍为统治阶层才能终日享受的美味，"曹刿论战"中曹刿所说的"肉食者鄙"就是对统治阶级的鄙夷。在这样的情况下，各种饼食自然就成为老百姓桌上的"常客"，但这并不代表饼食就不为上层统治者所喜爱。

在西安、咸阳等地有一种名为"锅盔牙子"的饼类小吃，据说是秦始皇从民间搜寻来的。锅盔牙子最开始因咬一口后饼的形状像月牙而被称为"月牙饼"。然而"月牙"是月亮残缺的意思，"牙子"却有萌芽之意，且"锅盔"二字谐音同"郭魁"，有第一城邦的意思，最终"月牙饼"被改名为更有吉祥寓意的"锅盔牙子"。秦始皇尝到"锅盔牙子"的美味后，不仅自己在宫中享用，还用它来犒赏有功勋的将士。

汉朝时，丝绸之路的开辟促进了东西方的文化及贸易交流，也促进了饮食文化的交流。这一时期，"胡食"这类西域小吃在中原地区流行了起来，包括饼类和各色面点，其中最为著名的就是胡麻饼，即芝麻烧饼。

两汉时期，这类西域小吃不仅在民间广受好评，就连宫中的天子也十分喜爱。《续汉书》中记载："灵帝好胡饼，京师贵戚皆竞食胡饼。"《太平御览》中也有记载：东汉末年，击退吕布的李进先及其兄长李叔节曾"作万枚胡饼犒劳吕布军队"。从这里也能看出人们对胡麻饼的喜爱程度。

　　除此之外，粔籹（馓子）和米糕等也广受百姓欢迎。总的来说，秦汉时期已经出现了多种小吃，并且荤素均有。

三、隋唐小吃，种类繁多

隋唐时期，经济文化繁荣，饮食业十分发达，不仅餐食种类增多，制作方法也更加精细。

"五谷"在古代指稻、黍、稷、麦、菽或麻、黍、稷、麦、菽。两者的区别在于稻和麻。这是因为在古代，北方种植稷、黍、麻、菽、麦，南方则以种植水稻为主。到了唐代，"五谷"成了"六谷"，即稻、黍、稷、粱、麦、菰。

菰又叫菰米、雕胡，在唐代是一种很常见的主食。宋朝时，菰的茎上寄生黑粉菌，产量开始大幅下降，后来便无人种了。因此，我们现在也就无法了解唐朝人常吃的雕胡饭了。

隋唐时期，南方广泛种植水稻，大量稻米被运往北方，稻米遂逐渐成为人们的主粮之一。

稻米成为主粮之后，便产生了很多与稻米相关联的食物，如御黄王母饭、团油饭、青精饭等。除此之外，面食也是人们餐桌上的"常客"，而此中首先要说的就是饼。从汉代到魏晋南北朝时期都广受欢迎的面食——胡麻饼，此时更受欢迎。唐朝人还进行了创新，即在饼内加了各种馅料，这种吃食像极了我们现在吃的馅儿饼。

当然，胡麻饼只是唐代众多饼类美食中的一种，唐代的美食书籍《烧尾宴食单》中记载了许多饼类美食，如单笼金乳酥、曼陀样夹饼、贵妃红、生进鸭花汤饼、油浴饼、双拌方破饼等。唐代的饼不仅种类较多，烹饪方法也较多，常用的有蒸、煮、烤、炸等。蒸制的面饼一般分为加馅料和不加馅料的，不加馅料的类似于我们今天的馒头，加馅料的类似于今天的包子。

唐代还有一种特殊的"饼类"，叫作"汤饼"或"索饼"。"汤饼"是指那些在汤水中烹制的面制品，也就是我们现在所说的面条、馄饨等。唐代《酉阳杂俎》中记载："今衣冠家名食，有萧家馄饨，漉去汤肥，可以瀹茗。"从中我们能够得知，馄饨在唐朝时期也是一种有名的小吃。

在唐代的面食中，"冷淘"也具有特色。它始于唐代的"槐叶冷淘"，《唐六典》中记载："太官令夏供槐叶冷淘。凡朝会燕飨，九品以上并供其膳食。"在唐朝，帝王每次在夏季宴请群臣时都会让御厨制作这种美食供九品以上的官员享用。这种煮熟后过冰水、再浇熟油拌匀的面食，无疑是夏季的消暑佳品。

经济的迅速发展和国家实力的增强，使饮食种类更加丰富，做工更加精致。由此可见，美食与文化、经济等密切相关。

四、宋元小吃，舌尖上的美味

　　宋朝是中国饮食史上的一个重要发展时期，随着商品经济的发展，市民阶层兴起，餐饮业高度发达，产生了许多美食。元朝时期，伴随着民族融合，饮食也处于融合和发展阶段，出现了一些具有民族特色的小吃。

　　宋朝时期，理学、史学、文学、艺术、科学技术等得到了高度发展，经济也十分繁荣，这极大地促进了市井文化的形成。

　　在宋朝之前，人们一天的正餐为两餐。北宋时期，统治者命令取消东京（今河南开封）宵禁，开放夜市。因为人们一天的活动时间变长，一天两顿饭的摄入量显然不能再满足人们的体能需求，吃夜宵这一习惯由此诞生，三餐制由此开始正式形成。夜市开放后，大量商人在夜间做起了贩卖杂货、小吃等生意，这也就促进了饮食文化和市井文化的交融。

　　北宋时期，占城稻被广泛种植，大米的产量不断提高，人们"因材制用"地进行了创新，将大米配以干果、豆类、花瓣等做成各类糕点，如糍糕、豆糕、蒸糕、糖糕、花糕等，并利用各式各样的模具将这些糕点的外形做得十分精致、好看。

　　除了糕点，宋朝的面食种类也十分丰富，有面条、烧饼、蒸饼等，且不同的种类下还有不同的口味可供选择。我们今天常吃的包子、馒头在宋代是十分常见且很受百姓喜欢的小吃，但那时候的包子和馒头与现在的包子、馒头有些不同，宋代的包子和馒头都有馅儿，只是馒头比包子的馅料少一些。

　　宋朝时期，冷饮已经比较流行，并且不再是王公贵族才能享用的"高级饮品"。由于民间兴起了藏冰、藏雪，因此，在炎热的夏季老百姓也能享受一份解暑的冷饮。《东京梦华录》中就有夏季商贩在汴梁街上售卖"冰雪凉水""荔枝膏"的记载。

元朝虽然统治时间较短，但在整个封建王朝中却是非常具有特色的。随着忽必烈定都元大都（今北京），草原上的饮食文化也被带到了中原。

蒙古人擅长畜牧、狩猎，因而肉类是他们的主要食物，特别是羊肉。蒙古人常常吃烤肉，如今我们爱吃的烤全羊和烤羊肉串就是元朝时期流传下来的。虽然美味的烤肉也受到了中原人民的喜爱，但使用餐具的习惯还是不同的，中原人普遍以筷、匙等作为餐具，而蒙古人却常用小刀割肉。

除肉类外，元朝时期的特色食物还有乳制品。早在北魏时期，《齐民要术》中就有关于北方少数民族食用乳制品的记载。在元朝之前，汉人没有喝奶的习惯，在元代少数民族饮食文化和中原文化融合之后，北方地区的人们逐渐养成了喝奶的习惯。

五、明清小吃，色香味俱全

明清时期，一些外国食材传入中国，不仅丰富了我国的食物种类，还增加了调料的种类，这些对饮食文化产生了深远的影响。

明朝《草花谱》中记载了一种名叫"番椒"的外来草花，其实这就是辣椒。除此之外，还有大量的外来作物，如西红柿、土豆、玉米、花生、菜豆、番木瓜等。大量新食材的传入不仅丰富了明朝的饮食文化，也为现代美食的形成打下了坚实的基础。

明朝的饮食在很大程度上糅合了宋元饮食文化，且这一时期的烹饪技术已经十分成熟，因此明朝的美食大都能做到色香味俱全。但明朝的不同时期也有着不同的饮食特点。明朝初期，政权尚未稳固，这一时期的饮食口味偏淡，多以馒头和饼类为主；明朝中期，烹制手段不仅有蒸、煮、炒、炖，还增加了炸和烤；到了明朝末期，饮食上的奢靡之风从宫廷蔓延到了民间。

琅琊酥糖就是明朝末期的一种名小吃，当时它叫"面糖""董糖""秦尤酥糖"。因其酥软细腻且甜香浓郁，深受文人墨客喜爱。此外，还有一种叫"状元糖"的甜食也非常有名，这种用麦芽糖和花生碎混合制成的糖和现在的牛轧糖类似。

到了清朝，人们对美食的追求再创新高，我们熟知的"满汉全席"是当时的中华大宴，包含了满族与汉族的特色菜品。全席有冷荤热肴 196 种，点心茶食 124 种，共计肴馔 320 种。它在今天也算是极高规格的筵席。

这一时期，走街串巷叫卖的小吃品种也十分丰富。清朝的小吃被叫作"点心"或"打小尖"，北京城胡同里常见的小吃有硬面饽饽、切糕、芸豆卷、黄粉饺、艾窝窝、糖酥火烧、豌豆黄等。清朝还有一些常见的带有满蒙特色的小吃，如奶酪、沙琪玛、驴打滚、撒糕等。

清朝后期，满汉饮食逐渐互通，民间小吃变得更加丰富了，出现了我们现在还常常会吃的元宵、醪糟、爆肚、山楂糕、蜜饯、糖炒栗子等。这一时期还出现了一些带有地域特色的小吃，如河南的杂烩菜、江苏的大麦粥等。

第二章

东北地区
传统小吃

一、黏豆包

黏豆包，又称豆包，是我国东北地区的特色小吃。在冬季，人们将制好的馅料包入黄米面中，蒸好后再置于户外的缸中保存。黏豆包口感甜而筋道，是一种深受欢迎的东北传统天然食物。

黏豆包在东北是一种家常食物，它承载着无数东北人关于冬天的记忆。过去，东北人冬季的餐桌上总是少不了黏豆包，而这也成为许多东北人，特别是东北农村地区人们的"冬季限定记忆"。

为什么这么说呢？那是因为黏豆包的储存要求比较严苛。黏豆包一般不能长时间放在超过 20 摄氏度的地方，因为它在高温下很容易腐败、发霉。如今，几乎每家每户都有冰箱，黏豆包的储存已经算不上什么难事。但在过去，人们只能利用东北冬天寒冷的气候条件，将黏豆包储存在户外的缸里，这种储存方法非常方便。不过，在没有冰箱冷藏的条件下，它只能保存到来年开春。

说到黏豆包的历史，就不得不提清王朝的奠基者——爱新觉罗·努尔哈赤。其实在很早以前，黏豆包是一种满族人用来祭奠先祖的供品，因为黏豆包在冬天极易储存和携带，所以有一小部分满族人在出门打猎时会带上一些当作干粮。后来，努尔哈赤在一次次与其他部落的交战中逐渐意识到了行军备粮的重要性，

但带什么方便呢？他一时也想不出好的解决方法。偶然有一天，努尔哈赤在祭拜父亲时瞥见了坟前供奉的黏豆包，他顿时心里一动。

努尔哈赤拿了一个黏豆包品尝，觉得味道不错，就打算用它做军粮。可是士兵都有迷信思想，他们能接受吗？于是，努尔哈赤先吃了黏豆包，他的这一行为鼓舞了手下的士兵，清军遂以黏豆包为军粮。之后，黏豆包不再只做军粮了，它在老百姓的餐桌上也占有了一席之地。

到了今天，包括黏豆包在内的诸多东北美食逐渐为全国各地的人们所熟知，他们通过品尝黏豆包，感受独特的

东北饮食文化。在如今的东北农村，许多家庭仍保留着
传统的黏豆包制作技艺，以及亲朋邻里间互赠黏豆包的
习俗。

二、锅包肉

锅包肉，原名锅爆肉，是我国东北地区的特色美食。其制作方法是将猪里脊肉切片后腌入味，裹糊后下锅炸至金黄捞起，再下锅拌炒勾芡。其成品外酥里嫩、酸甜可口。

在东北人的餐桌上，锅包肉是出现频率极高的一道特色美食，它不仅色香味俱全，还拥有独特的酥脆口感。现在我们常吃的锅包肉是酸甜味，其实早期的锅包肉是一种咸鲜口味的"焦烧肉条"。"焦烧肉条"，又叫"黄金肉"，传说为努尔哈赤所创，是一种起源于满族的宫廷风味名菜，在清朝的大典盛会上总是作为头道菜出场。

其实，锅包肉是清朝光绪年间的哈尔滨关道道员杜学瀛的厨师首创的，这位厨师叫郑兴文。郑兴文的父亲叫郑明泉，他原本住在辽宁，后来到北京做起了茶叶生意。在应酬过程中他经常品尝到各种美食，久而久之就养成了刁钻的口味，因此，常被朋友们戏称为"美食家"。

孟子曰："君子远庖厨。""美食家"郑明泉心里也是这样想的，所以在儿子对厨艺产生兴趣的时候他是不支持的，而且因为郑家是旗人，他甚至觉得儿子学厨是丢了旗人的脸面。但郑兴文坚持自己的想法，郑明泉只好托人将儿子送进恭亲王府学习厨艺。郑兴文学成出师后，家人却不让他进厨房，而是出资开了一家饭馆，让他当老板。没有经验的郑兴文开店全然不顾及成本，客源虽多但亏得更多，饭馆经营了三年多就倒闭了。

1907 年，郑兴文经本家举荐，带着几个厨子前往哈尔滨，成为道员杜学瀛的官厨。杜学瀛在府里经常宴请来自俄罗斯的客人，但这些洋人对中国北方的咸鲜口味不是很适应，于是为了迎合这些外宾的喜好，郑兴文便将咸鲜口味的"焦烧肉条"改成了外国人喜欢的酸甜口味。锅包肉一开始其实叫"锅爆肉"，由于洋人发音不准，就索性将其改成

锅包肉

"锅包肉"了。

开始，道员府中的高级菜色其实都属于私菜、禁菜，民间百姓是没有资格享用的。后来，清朝灭亡了，这些美味佳肴才流传到了民间。

之后，锅包肉这道佳肴又从哈尔滨流向了其他地方。在此过程中，锅包肉受到了"本土化"的改造。比如，辽宁的锅包肉在制作时最后一步会使用番茄酱或番茄沙司。

同一美食会因地方不同而出现不同的口味，其实这无可厚非，因为食物本身的价值就是服务于人。

三、冷 面

冷面是我国东北地区的著名小吃，也是我国朝鲜族的一种传统民族食品。其做法是将面条放入凉汤内，再加入辣白菜、肉片、鸡蛋、辣椒等配料，最后浇上牛肉汤或鸡肉汤。它口感清爽鲜美，深受朝鲜族人民的喜爱。

说到带汤的面食，我们大多会先想到热气腾腾的汤面、馄饨等，但我国的朝鲜族人民最爱的却是一种风味独特的冷面。这种面食实如其名，它确实是一种"冷"的面食。

如今，不仅在延边朝鲜族自治州，在全国各大中小城市也能看到朝鲜冷面的身影。朝鲜冷面在韩国和日本等地也非常盛行，日本的中华料理店经过本土化改良后称其为"中华冷面"，而它也是当地很多人夏季消暑的良品。

不过朝鲜族人民并不只是在炎热的夏季才吃冷面，他们在寒冷的腊月也会吃冷面。农历正月初四的中午吃冷面是他们自古以来的习俗，他们认为在这一天吃细长的冷面能够长命百岁。

朝鲜冷面以荞麦冷面最为有名。现代医学证明，荞麦富含丰富的氨基酸、维生素、膳食纤维及微量元素，食用荞麦面不仅能够降低血脂、血糖和胆固醇，还能促进新陈代谢。从这一层面来讲，荞麦冷面确实有延年益寿的功效。

冷面可分为冷面、温面、豆汁汤冷面、泡菜汤冷面等种类。通常以荞麦面、小麦面、淀粉或玉米面、高粱米面加榆树皮面为原料。冷面的制作方法是，先将荞麦面、小麦面、玉米面、高粱米面和淀粉按一定比例和好，用压面机压制成细面条，边压边下入开水锅里，煮熟后捞出，用冷水多次冲洗，晾干。再把面

朝鲜族冷面

条放入冷面汤中，加入香油、辣椒、味精、酱、醋等作料，最后，放入牛肉片或鸡肉、鸡蛋、芝麻、泡菜、苹果片等食材。

　　冷面虽然是朝鲜族的传统食物，但是在东北地区也十分流行，是东北人夏日消暑的必备食品。东北人一年四季都吃冷面。夏天吃冷面，一口下肚顿时暑气全消，食欲大增；冬天的冷面微微带点儿温度，汤汁清新，吃完后全身都舒坦。

　　如今，这种朝鲜族特色美食已经遍布世界各地，促进了文化的传播和交流。

四、沙琪玛

沙琪玛，又叫"萨其马""沙其马""沙其玛""萨齐马"等，其名称源于蒙古语的音译，是一种很有特色的甜点小吃。

沙琪玛因为味道香甜、口感松软，一直以来颇受老人和小孩子的喜欢。在我国香港，沙琪玛还被称为"马仔"，有些香港人认为吃了沙琪玛就能在赌马的时候取胜。

可见，沙琪玛的流行度在众多小吃中是领先的，而这种传播力得益于西京古道的马帮和驼队将其作为充饥的美食。沙琪玛和"驴打滚"一样，是长期在外跋涉之人的首选干粮，马帮和驼队带着这种美味的点心沿西京古道进行传播，渐渐地便传向了岭南。

沙琪玛在最早的时候是用来祭祀的供品，《光绪顺天府志》中记载："赛利马（沙琪玛）为喇嘛点心，今市肆为之，用面杂以果品，和糖及猪油蒸成，味极美。"沙琪玛也被皇家寺庙里的喇嘛用来供奉佛像。

1644 年，清军入关，沙琪玛被满族人带入了北京城，并在之后成为北京非常流行的四季小吃之一。《燕京岁时记》中记载了沙琪玛的制作方法："以冰糖、奶油合白面为之，形如糯米，用不灰木烘炉烤进，遂成方块，甜腻可食。"从中可以看出沙琪玛的制作非常讲究。

沙琪玛这个名称是蒙古语的音译，对应汉语意为"糖缠"，而关于沙琪玛名称的由来有三种有趣的说法。

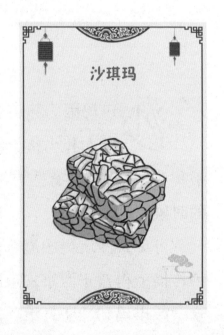

第一种说法是：清朝一位姓萨的将军每次打完猎后都会吃点心，并且要求每天吃的点心不能重复，还威胁说如果点心不能让他满意，他就要处死厨子。厨子听到这话吓得把沾着蛋液的点心炸碎了，在心里大骂"杀那个骑马的"。由于将军催促，他只能硬着头皮把做坏的点心端给将军，没想到将军尝过后觉得非常美味，于是问起了这道点心的名字。厨子随口说了一句"杀骑马"，结果将军听成了"萨骑马"。

第二种说法是：有一位做了数十年点心的老师傅做了一种新式点心，他在将点心拿去卖时，突然下雨了，于是就躲到了一座大宅子的门口，碰巧遇到宅子的主人骑马回家，结果老师傅装点心的箩筐被马踢翻。之后，老师傅又做了一筐点心上街去卖，点心大受好评，当人们问起点心名字的时候，老师傅就答了一句"杀骑马"，之后人们将之改为了"萨其马"。

第三种说法是：努尔哈赤手下一个叫"萨其马"的将军带着妻子做的点心分给大家吃，努尔哈赤觉得这种点心既美味又不易变质，很适合做军粮，于是就将这种食物命名为"萨其马"。

沙琪玛流传到各地之后，又衍生出了许多其他的传统糕点小吃，如山东临沂沂水的丰糕。这体现了饮食文化的演变和传承。

五、雪衣豆沙

　　雪衣豆沙是东北地区的特色美食，其主要食材有豆沙、鸡蛋、面粉、白糖等。雪衣豆沙形状滚圆，色泽微微发黄，食用前撒上白糖即可，其味道香甜可口，颇受大众的喜爱。

　　过去，吉林街头有一道名为雪衣豆沙的甜品，由于其做起来费时、费力，现在已经不多见了。雪衣豆沙的制作原料很简单，但是烹调方式却有些复杂，首先要将豆沙揉成丸子裹上面粉，再裹上鸡蛋清调成的蛋泡糊，之后用120摄氏度左右的猪油炸至微微变色捞出，冷却后再进行油炸。在此过程中，油温的控制和蛋泡糊的打发都是需要严格掌控的，任何一步出了问题都无法做出雪衣豆沙。

　　这种制作讲究的小吃其实来自宫廷。众所周知，乾隆皇帝对美食要求很高。到了晚年，他的身体健康状况下降，很多油腻重口或者口感较硬的食物都不能食用了，因此，御厨们绞尽脑汁，为其制作易消化的美食。经过长时间的研究，他们终于烹制出了这款软嫩香甜、适合老人和孩子的甜点——雪衣豆沙。

乾隆尝过之后非常满意，因此，这道美食就成了宫廷御菜。清朝灭亡后，御厨林福山回到吉林老家，将雪衣豆沙这道宫廷点心的做法带到了民间。百姓得知这道美食是宫中皇帝爱吃的御品，都想要一饱口福。因此这道雪衣豆沙很快就广为流行，并成为吉林的特色美食。

雪衣豆沙还有一个关于孝道的感人故事：一百多年前，有一个穷秀才，他的老母亲得了重病，他问母亲想要吃点儿什么。母亲说，她就想吃点儿甜的、油的东西。秀才听完就去当铺当掉了自己的棉袄，然后买了些面粉、豆沙和豆油。

在回家的路上，他碰巧路过一户有钱的人家，这家人往外扔了一些猪网油。秀才眼前一亮，赶紧将猪网油捡起带回了家。他用猪网油裹了豆沙，然后沾上面粉炸了给母亲吃，结果没多久母亲的病就好了。一份简易的雪衣豆沙包含了儿子对母亲的爱，体现了中国的传统孝道。

虽然现在在东北，雪衣豆沙已经不再是菜单上的"常驻嘉宾"了，但一些饭店里仍保留着这一特色美食。相信在一些厨师的坚持下，这道好看、好吃的传统美食一定能继续传承下去。

第三章

华北地区
传统小吃

一、冰糖葫芦

冰糖葫芦是北方冬天一种常见的特色小吃。最常见的冰糖葫芦是用竹签将山楂穿成串，再蘸上麦芽糖稀制作而成。

在冬天北方的街头，我们总能看到推着小车或肩扛一个稻草靶子的小贩，他们的小车里或草靶子上插着糯米纸裹的冰糖葫芦。久而久之，小贩和他的冰糖葫芦摊就成了寒冬时节街头的一道独特的风景线。

冰糖葫芦起源于南宋年间，据说当时宋光宗最宠爱的黄贵妃因为生病，胃口不佳，吃不下饭。宋光宗召来宫里最好的御医，用遍了名贵药材，黄贵妃的病情依然没有好转。看着黄贵妃日渐消瘦憔悴，焦急的宋光宗只好在民间张贴皇榜求医。

没过多久，一位江湖郎中揭下了皇榜，但他给贵妃诊脉后开具的药方非常简单——只是将山楂和冰糖进行煎熬，做成冰糖山楂——叮嘱贵妃每餐饭前服用七八粒。这一"荒唐"的做法一开始自然不被众人看好，没想到贵妃按照他的叮嘱服用，半个月后竟然痊愈了。

明代杰出的医药学家李时珍在《本草纲目》中记载："煮老鸡硬肉，入山楂数颗即易烂，则其消肉积之功，盖可推矣。"明代人在一个一个的红色山楂果上蘸满糖，称之为"糖礅儿"，因为其酸甜可口，且有消食作用，所以很受欢迎。

到清朝，人们为了吃起来方便，就把山楂穿起来，变成了和现在一样的冰糖葫芦。当时，冰糖葫芦在茶楼、戏院、大街小巷到处可见。《京华春梦录》中就记载："岁朝之游，向集厂甸"，"迨兴阑游倦，买步偕返，则必购相生纸花，乃大串糖葫芦，插于车旁，疾驶过市，途人见之，咸知为厂甸游归也"。可见，当时冰糖葫芦已成为北京人岁时逛厂甸庙会必选的小吃。

冰糖葫芦在不同的地方有着不同的称呼，在东北地区它叫糖梨膏，在天津它叫糖礅儿，在安徽凤阳和山东

烟台等地又叫糖球。尽管叫法各有不同，但不管在哪里，冰糖葫芦都是十分受欢迎的小吃。山楂富含丰富的维生素，且具有健胃消食、改善睡眠、活血化瘀、保护心血管等功效，可以说是一种老少皆宜的小吃。

到了今天，为了满足更多人的口味需求，除传统的冰糖葫芦外，还有使用其他的原料制成的新品种，如蓝莓冰糖葫芦、草莓冰糖葫芦、橘子冰糖葫芦、葡萄冰糖葫芦等。不仅如此，人们还将豆沙、巧克力、奶油等加入山楂中，全新口味的豆沙冰糖葫芦、巧克力冰糖葫芦、奶油冰糖葫芦等便制成了。

如今，冰糖葫芦作为中国的传统小吃，早已不再仅存于北方街头了，南方各地的街头也能看到品种多样的冰糖葫芦。相信在未来，冰糖葫芦会以更多不同的"形象"出现在大众的视野里，满足更多人的口味需求。

二、驴打滚

驴打滚，又称豆面糕，主要流行于我国东北、北京和天津地区，是一种中国特色小吃、一种传统小吃。驴打滚不仅外形鲜明好看，而且口感软绵香甜。

如今人们去到外地旅游，通常会带回一些特产作为给亲朋好友的礼物，若是去北京、天津，驴打滚就会成为很多人的首选。毕竟光是"驴打滚"这个名字就已经十分具有特色了。

那这个有趣的名字是如何得来的呢？这主要是因为在制作驴打滚时最后一道工序是将成品在黄豆粉上滚一下，像是驴在地上撒欢打滚一样，因此得名"驴打滚"。《燕都小食品杂咏》中有这样一段话："黄米拈面蒸熟，裹以红糖水馅，滚于炒豆面中，成球形，置盘上，售之。取名'驴打滚'真不可思议之称也。"

民间关于"驴打滚"的由来有两种说法，第一种说法是：东汉光武帝刘秀手下名将马武在一山头驻守，士卒因长期食用黏黄米馍，产生厌食情绪，身体日衰。马武将军担心长此以往会削弱军队的战斗力，受毛驴在地上打滚浑身沾满黄土的启发，创制出黄黏米裹炒黄豆粉的"驴打滚"。结果，这一食物深受士卒欢迎。

第二种说法是：慈禧太后厌倦了宫中一成不变的事物，为了让她高兴，御厨决定搞一些新花样，于是用江米面混合红豆沙做成了一道新式甜品。可是御厨刚将点心做好，一个叫小驴儿的太监就不小心将其打翻在了装黄豆面的盆里。再重做一些已经来不及了，御厨只好硬着头皮将这道点心呈给了慈禧。慈禧尝过很满意，便问这道新点心的名字。御厨想到闯祸的小驴儿，就说这道点心的名字叫"驴打滚"。

其实，在清朝建立以前，满人喜食耐饿的黏食，这是他们饮食的一大特色。清军入关后，八旗子弟也因为满人的饮食习惯而对"驴打滚"情有独钟。

　　《燕京民间食货史料》中记载："驴打滚……燕市各大庙会集市时，多有售此者。兼亦有沿街叫卖。"从中我们可以看出，在清朝的京城庙会及集市街道上，"驴打滚"是一种常见的小吃。"驴打滚"作为一种历史悠久的传统小吃，不仅承载了这一地区好几代人的饮食习俗，也承载了一座城市的历史记忆。

三、豌豆黄

豌豆黄，又称豌豆黄儿，是北京春季的一种应时传统小吃。豌豆黄由去皮洗净的豌豆磨碎后煮烂、经糖炒再凝结而成。吃起来入口即化、清凉细腻，和驴打滚、艾窝窝、糖卷果、姜丝排叉、糖耳朵、面茶、馓子麻花、蛤蟆吐蜜、焦圈、糖火烧、炒肝、奶油炸糕一起被称为"老北京小吃十三绝"。

和其他传统小吃不同，豌豆黄是一种春季才有的应时小吃，因为是春令食品，所以在以前的春季庙会等场合，总有小贩叫卖豌豆黄。民间常见的豌豆黄是凝结之后切成的菱形块状，但也有人为了美观将其捏成有趣的造型。

豌豆富含蛋白质和多种维生素，有健脾开胃、润肠、明目、消炎等功效。但因为豌豆在煮烂后要与白糖一起炒，所以不宜过多食用。（白糖含有很高的热量，过度摄入会导致发胖）不过在春季偶尔吃上几块香甜爽口的豌豆黄还是很让人享受的。

后来，豌豆黄这道美味的民间小吃传入了宫廷。相传有一年，慈禧在北海静心斋中歇凉，偶然听到了街上的敲锣打鼓及吆喝叫卖声，感到很疑惑，便叫来当值的太监询问街上如此热闹的原因，太监赶紧回禀说是外面的小贩在卖豌豆黄和芸豆卷。慈禧是一个对美食颇感兴趣的人，听到外面在卖自己没有吃过的小吃，顿时来了兴致。

她高兴地传令将叫卖的小贩叫到了跟前，小贩一见老佛爷赶紧跪下，丝毫不敢怠慢，呈上了自己售卖的豌豆黄和芸豆卷。慈禧品尝之后，非常满意。为了能经常吃到这两道小吃，她将小贩留在宫中，专门为自己制作豌豆黄和芸豆卷。但是御厨觉得用普通豌豆做原料实在有些难登大雅之堂。于是便对豌豆黄的做法进行了改进。他们将普通的豌豆换成了上等的白豌豆，白豌豆煮烂后还要过筛，豌豆黄凝固后再切成两寸见方、不足半寸厚的小方块，最后

还要在上面放几片甜糯的蜜糕。由于它有别于民间的糙豌
豆黄儿，所以被称为细豌豆黄儿。豌豆黄摇身一变，与芸
豆糕、小窝头一起成了高端的宫廷小吃。

四、豆 汁

豆汁是北京的传统小吃，其呈灰绿色，味酸且微苦。初尝它时让人难以下咽，多喝几口却能叫人上瘾，北京人对它有着特殊的偏爱。

说到北京小吃，不得不提的就是豆汁。没有喝过豆汁的人初听这名字，往往会将其与我们常喝的豆浆混为一谈，实际上两者有着很大的区别。豆浆是将浸泡过后的大豆研磨、过滤后煮沸得来的，整体为乳白色，闻上去豆香四溢。豆汁则是以绿豆作为原料，经过烫、磨，分离淀粉后再进行发酵得来的。这种灰绿色液体有着发酸而略苦的"泔水味"。《燕都小食品杂咏》中记载："得味在酸咸之外，食者自知，可谓精妙绝伦。"可见，虽然豆汁味道有些奇特，但是并不影响人们对它的喜爱。

豆汁历史悠久，据说早在辽宋时期就是民间食品。耶律阿保机建立辽国，以今北京为五京之一。辽人以肉为主

食，然而肉食不易消化，虽然饮茶能化解油腻，但是茶叶
贸易受到宋辽战争的影响，经常出现断货，人们就以豆汁
来解油腻。

豆汁原本是普通百姓的吃
食，到了清代才传入了宫廷。乾
隆十八年（1753 年），有大臣在奏
本中写道："近日新兴豆汁儿一物，
已派伊立布检查，是否清洁可饮，
如无不洁之物，着蕴布募豆汁匠
二三名，派在御膳房当差。"乾隆
看完这个奏本，十分好奇，于是
将豆汁引入宫中，并召集群臣共
同品尝这民间饮品。众大臣喝完，都齐声叫好。就这样，豆
汁成了宫廷饮品。

据说当时的北京城有很多粉坊，这些粉坊专门制作豆
制品。一年的夏天，一家做绿豆粉的作坊磨出来半成品的
豆汁，当天没有用完，第二天发酵了。坊主觉得将其倒掉
实在可惜，便取了一勺品尝，看看还能不能食用。他觉得
发酵过的绿豆汁酸中微苦、回味略甜，很是解暑。于是，
又把它煮熟了，再次尝了尝，味道更佳了。豆汁就这样被
发明出来了。

当时，物资比较匮乏，老百姓舍不得浪费，发现豆汁制作简单且美味，夏天消暑，冬天暖身，就逐渐改善加工方法，从而形成了北京一道很有特色的小吃。

五、驴肉火烧

驴肉火烧是起源于河北保定、沧州河间、廊坊大城等地的一种传统小吃。火烧里夹入用多种调料炖好的驴肉，驴肉鲜嫩，火烧酥脆，两者结合在一起，形成了一种绝妙的口感。

驴肉火烧店铺在华北地区遍布大街小巷，这种广为流传的传统小吃已经成为当地民众的日常食物。驴肉火烧又分为保定驴肉火烧和河间驴肉火烧，两者最直观的区别是形状不同：保定驴肉火烧为圆形，河间驴肉火烧为长方形。两种火烧的形状差异源于它们做法的不同，保定驴肉火烧是直接在揉成球状的面上抹油按压，而河间驴肉火烧则是在面上抹油后抻成长方形，左右向中间两次对折后再擀薄。除直观区别外，两者使用的驴肉和驴肉的做法也不同。前者通常选用太行驴，后者选用渤海驴；前者为卤制，后者为酱制。因此，两种驴肉火烧的味道也不同，各有特点。

当然，驴肉火烧除味美外，还具有丰富的营养价值。现代营养学研究表明，驴肉中蛋白质含量很高，脂肪含量却很低，还有人体所需的多种氨基酸。中医认为驴肉具有补气养血、益精壮阳、滋阴补肾、润肺止咳的作用。

驴肉火烧有着悠久的历史，两种驴肉火烧也有着不同的历史起源传说。据说，保定驴肉火烧起源于明朝，明太祖朱元璋去世后，燕王朱棣发兵攻打建文帝朱允炆，朱允炆的大将李景隆因在与朱棣的交战中失败而退至徐水漕河镇。由于军粮匮乏，李景隆只好让将士们杀掉战马充饥。漕河镇有着吃驴肉的习俗，因而烹

制的马肉也十分美味，从此烹食马肉也成了当地的习俗。到了清代，朝廷禁止屠马，漕河一带的人便以驴代马，专门养驴食用。当地烙制的火烧外焦里嫩，里面夹上烹制的驴肉，遂成为当地名吃。

还有一种说法是：宋代，保定徐水境内的漕河有漕帮和盐帮两个帮派，这两个帮派为了争取更大的利益经常短

兵相接。后来，漕帮取得了胜利，于是他们将从盐帮那里俘获的驮盐毛驴炖煮了，又将驴肉夹在当地制作的火烧中，保定驴肉火烧便产生了。

河间驴肉火烧据说起源于清朝的乾隆年间。乾隆下江南必经河北，一次他偶然到一户农家吃饭，农家主人为了让皇帝吃好，便精心烹制驴肉，并将肉夹在柔软酥脆的火烧里呈了上去。乾隆尝过这种新奇食物后大为夸赞，就向农家问起这道美食的名称，农家便答：大火烧夹驴肉。吃到美食的乾隆立即作诗一首。据史料记载，回到宫中的乾隆对河间的驴肉火烧念念不忘，于是命另一位美食家和珅去河间寻找那户农家进宫。

在等级制度森严的封建王朝，生活在民间的普通百姓居然能和高高在上的帝王享受一样的美食，想必这也是民间传统小吃的一大独特魅力吧。

六、碗　托

碗托是山西的一种传统风味小吃，2008 年被列入"非物质文化遗产名录"。因为山西方言中"托""团""秃"同音，所以又叫"碗团""碗秃子"。食用时将碗托切成条状或块状，浇上料汁，爽口味美，令人回味无穷。

在山西，碗托在大街小巷几乎随处可见。不过，不同地区的人有不同的吃法。有些地区把碗托切成小于 5 毫米的薄片后，拌以料汁即可食用；晋中的平遥、榆次和太原一带的人常常将碗托厚切至接近 1 厘米后热炒，这种厚度在山西被称为"灌肠"，而热炒的"灌肠"也称"炒灌肠"。

碗托的主要原料是荞麦，制作时将荞麦去皮浸泡一日捣成糊状，过筛后置于碗中蒸熟，冷却后即可食用。荞麦富含蛋白质、维生素、矿物质和膳食纤维等，具有降血脂、止咳平喘、清热润肠等功效。碗托晶莹透亮，口感细滑柔软，如今已被全国多地的人们接受和喜爱。

除荞面碗托外，还有一种白面碗托，两者有着不同的起源传说。荞面碗托起源于西晋时期，据说匈奴贵族刘渊起兵攻晋时，从左国城（今山西吕梁市离石区）派出了大将石勒，这一时期因为战乱频繁，常发生自然灾害，军中粮食短缺成了一个很大的问题。为了节省粮食，将士们只好将荞麦磨成碎渣后掺水熬粥。

一天，有几个将士因有事外出而耽误了吃饭，等他们回来的时候，碗里的荞麦粥已经凝固了。但在当时的情况下，能吃饱就已经很不错了，于是大家也不挑剔直接上手抓起来吃，其中有人稍微讲究一些，将这些凝固的荞麦粥切成条，撒上些盐拌着吃。吃完后，他们又在剩下的荞麦粥条上加了枣醋、蒜泥、姜末、葱花呈给石勒，石勒尝过后眼前一亮，并让厨房按照这种方法多做一些让将士们都尝尝，将士们尝过后精神大振。

很快，这一消息传到了当地老百姓的耳中，尽管当时战乱不断，但老百姓还是按捺不住赶去军营观看，将士们也非常大方，见百姓们如此好奇，就让他们品尝了这道新奇的美食。百姓们尝过后觉得非常美味，回到家后就仿照着制作了起来，荞面碗托从此开始在民间流传。

白面碗托起源于清朝末期。光绪二十六年（1900年），慈禧太后在西逃途中经过山西平遥，在品尝到美味的碗托后，对其称赞有加，使碗托名声大噪。平遥碗托是白面碗托，由城南堡厨师董宣首创。

碗托是一种历史悠久的山西小吃，在近几十年的时间里，山西各地人对它不断改进，使它成为一种口感更佳且为更多人所青睐的地方小吃。

第四章

华东地区
传统小吃

一、云片糕

云片糕，又叫雪片糕，是广东、江苏等地的传统糕类美食，其原料主要为糯米、白糖、猪油、橄榄仁、芝麻、香料等。云片糕制作工艺精细复杂，成品片薄且色白，味道香甜细软。

云片糕外表洁白，广东潮汕等地有中秋时节将它作为拜月供品的习俗。中秋节前，大家都会购买云片糕，除供奉和自己食用外，还常常赠送亲朋好友。云片糕的独特风味刻在广东人的记忆深处，身处他乡时，若能在月圆之夜尝到一口云片糕，就足以聊慰思乡之情。

云片糕的名字是怎么得来的呢？这就要说到乾隆皇帝了。乾隆继位后曾六下江南，一次他来到淮安城西北的河下镇，因为这里有运河，所以是盐商聚集的富庶之地。乾隆应一位姓汪的盐商邀请，去了他家的花园做客。这天中午，突然下起了大雪，乾隆在汪家的客厅里凭窗看雪，这一美景勾起了他作诗的欲望，于是他随口吟出："一片一片又一片，三片四片五六片，七片八片九十片……"但"片"到第四句的时候却卡壳了，乾隆看着窗外的大雪很是着急，要是完不成诗岂不是很没面子？

这时候，汪姓盐商端着茶点来到了乾隆跟前，暂时缓解了尴尬，乾隆心想趁着吃点心的工夫好好琢磨一下最后一句。品尝点心的过程中，乾隆被一种雪白的片状糕点吸引了，他一片一片地放进嘴里，连吃十多片后便向盐商问起了糕点的名字。盐商说这点心不是从街上买的，而是自家的一种祖传小吃，但是没有名字，还请皇上给赐个名字。

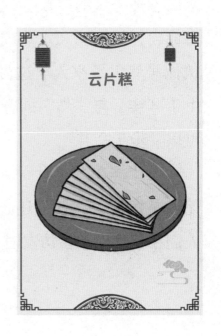

乾隆觉得这点心入口即化且颜色和样子像是外面所飘的大雪，就给它取名叫"雪片糕"。盐商听了很是高兴，赶紧磕头谢恩，然后又取来文房四宝请皇帝题词。乾隆怀着激动的心情在纸上写糕点的名字，然而却因太过大意将"雪"字错写成了"云"字，于是"雪片糕"就叫"云片糕"了。

据史料记载，云片糕形成于清朝晚期。根据《顺丰县志》记载，云糕片是在道光十八年（1838年）由顺丰县人创制的。当地还流传着一个故事：顺丰县有一个连续落榜五次的秀才，家里因为供他念书，经济异常困难。在他第六次参加考试的时候，他的妻子为了节省盘缠，就把糯米磨成粉，加入糖和水蒸成米糕给他当干粮。结果，这次考试他居然中了举人。这件事传开后，人们纷纷开始效仿，由于"糕"与"高"同音，因此人们认为吃了这种糕点就可以"步步高升"。

云片糕在顺丰县得到了传承和推广。人们每逢喜事，无论是嫁娶、乔迁，还是祭拜，都会带上云片糕；另外，人们在节日里走亲访友时也会以云片糕做礼物。

二、苏式蜜饯

苏式蜜饯是苏州一带的传统小吃。它以瓜果蔬菜为原料，用糖加工保存，制作工艺独特，不仅能保持果蔬原本的模样和味道，而且色鲜味美。

蜜饯又叫果脯，古时候也称蜜煎，是我国独具特色的糖蜜水果制品。蜜饯的历史非常悠久，东汉的《吴越春秋》一书中就有"越以甘蜜丸欓，报吴增封之礼"的记载。欓是一种茱萸果实，甘蜜丸欓就是用茱萸果实做的蜜饯。到了唐宋时期，人们常用蜂蜜煎煮果实，因而有了"蜜煎"之名。元明时期，蜜饯的制作工艺更加精细。

在过去的两千多年里，蜜饯作为一种传统美食存在于各朝各代，各地也发展出了独具特色风味的蜜饯，比较出名的有雕花蜜饯、京式蜜饯、杭式蜜饯、广式蜜饯及苏式蜜饯等。本节着重介绍苏式蜜饯。

苏州素来有"中国蜜饯之乡"的美誉，因地处太湖之滨出产多种果品，为制造蜜饯提供了丰富的生产原料。蜜饯根据性状一般分为糖渍类、返砂类、凉果类、甘草制品等，苏式蜜饯主要以返砂为特色，即原料在糖煮干燥后表面会附有一层白色的糖霜，质地脆且含糖量较高。蜜饯的原料虽为果蔬，但在制作过程中水果所含的一部分营养素会流失，所以蜜饯并不能代替水果的营养。

除工艺独特、口感美味外，苏式蜜饯还有着悠久的历史。据说三国时期，小乔特别喜欢吃蜜饯。明代，苏州孙春阳闻名天下的南货铺中就有专门的蜜饯房。苏州蜜饯也一直是供奉给皇宫的宫廷食品。

清朝时期，苏式蜜饯制作达到了鼎盛，其中最为著名的就是如今成为苏式蜜饯代名词的百年老字号——"张祥丰号"。"张祥丰号"的创始人叫张谦三，江苏无锡人，道光初年生，少年时跟随父亲学医。成年后，迫于生计到苏州、上海行医谋生，有了一些积蓄后，出资买下一家蜜饯小作坊，在王家码头路自产自销。张谦三知人善任，聘用了许多优秀雇员，在 1873 年于苏州山塘通贵桥西开设了"张祥丰号"，并在几十年间将其做成了苏浙沪长江三角洲地区的知名品牌。

如今的苏式蜜饯有 160 余种，它选料讲究，口味香甜，形状、色彩富有特色。值得一提的是，苏式蜜饯的制作属于传统工艺，制作过程中需要晾晒和冷却，只能依靠人工生产，无法进行工业化生产。

虽然现在新式糖果品类繁多，人们有了更多的选择，但是酸酸甜甜的蜜饯仍是苏州人心中不可替代的传统美食。

三、肉 燕

肉燕，又叫太平燕、扁肉燕，是福建省福州市
的一道传统小吃。用燕皮包裹住肉馅，其皮薄如白
纸，口感软嫩有劲，咸香美味。

肉燕因其形状似燕子而得名，主要原料是肉燕
皮、猪肉、葱花、麻油等，是福州人喜爱的风
味小吃。肉燕是一种类似于饺子、馄饨的传统面食，用皮
包肉馅再下锅煮熟。肉燕最具有特色的就是它的皮，正宗
的燕皮是用猪后腿肉、上好的红薯粉以及适量的肉粉打制
的，并且只能手工将肉用木棍捶成肉茸，打制出来的燕皮
薄如白纸、光滑细嫩，还能散发出肉香，吃起来颇有燕窝
的口感。

相传燕皮起源于南宋，参知政事真德秀回浦城扫墓时
设宴，随行的福州籍厨师林阿荣吩咐助手捣鱼丸，助手却
错听成了捣肉丸，将精肉捣碎和上了粉。林阿荣只能将其

压成薄薄的面皮，并切成丝余熟。这种晶莹剔透、色泽如玉的面皮后来在浦城、福州两地流传。

福州当地还有"无燕不成宴，无燕不成年"的说法。这里的"燕"指的就是肉燕。因为肉燕又叫太平燕，所以福州人每逢婚嫁、过节、亲友欢聚等日子都会吃肉燕，寓意"太平""吉祥"。

福州当地还有一个有关肉燕的传说。据说在明嘉靖年间，福建浦城县有一位告老还乡的御史，他长期吃各种山珍，久而久之便觉得有些腻烦，想尝试一点儿新花样。于是，他家的厨师就取来猪后腿的精瘦肉用木棍打成了泥，掺入适量面粉和团后擀成了薄片，再将薄片切成均匀的小方块并包入肉馅，最后煮熟配汤。

御史尝过这种小吃直呼美味，于是向厨师问起了这道小吃的名字，厨师见这小吃形状像飞燕，于是取名为"扁肉燕"（扁食即为皮包肉馅煮熟食用的面食）。后来，人们将肉燕和鸭蛋放在一起煮，又因为福州话里鸭蛋和"压乱""压浪"谐音，具有"太平"之意，所以肉燕又叫"太平燕"。

中国的传统美食常与我们传统文化中的美好寓意相关联，可见饮食文化也是人文风俗的重要体现。如今肉燕已是福州家家户户的常见美食，不过各家会根据喜好对肉馅进行一些改良，可不论肉馅如何变化，关于吃肉燕的传统和人们对吉祥太平的期盼一直都没有改变。

四、鸭血粉丝汤

鸭血粉丝汤是江苏南京的特色小吃，其主要原料为老鸭汤、鸭血、鸭肠、鸭肝和粉丝等。因其口味南北皆宜，所以风靡全国各地。

南京，古称金陵，是中国四大古都之一。而说到南京美食，大家想到的一定会是鸭血粉丝汤、盐水鸭、桂花鸭、黄焖鸭等，可见南京的"吃鸭文化"已经深入人心。南京的吃鸭历史的确由来已久，在春秋战国时期就有了"驻地养鸭"的记载，宋代即出现了"无鸭不成席"之说，明代时金陵烤鸭更是成了皇宫宴席上必不可少的佳肴。

鸭血粉丝汤中的原料虽然都是鸭子身上的"边角料"，但是并不能否认它在南京鸭肴中的地位。鸭血粉丝汤的前身是鸭血汤，其食材有鸭血、鸭肠、鸭肝等，最重要的汤是用老鸭熬制出来的。一碗鲜香四溢且极具江南特色的老鸭汤，是老一辈南京人记忆中的味道。

据说在清朝末年，一个叫梅茗的秀才多次去南京参加科考，有一次他和朋友在南郊游玩，回去的时候路过一家卖烤鸭的店就打算进去吃点儿饭、歇歇脚，结果店家说鸭子已经卖完了。这时梅茗闻到了一阵香气，于是赶紧问店家在做什么美食，店家说这是自家人的午饭，用鸭血、鸭杂、粉丝一起随便煮的，实在有些上不了台面。梅茗和朋友却对此十分感兴趣，于是与店家商量后便也尝了尝鲜。梅茗觉得这种汤味道鲜美，于是就向店家请教了制作方法。之后，梅茗考试落榜，他害怕回到家乡后遭人嘲笑，于是就开了一家店卖鸭血粉丝汤，并给这家店取名为"鸭先知"。

南京还流传着另一个与鸭血粉丝汤有关的传说：当时秦淮河边有人杀鸭子的时候将鸭血用一个碗装起来，因为舍不得就没有倒掉，结果他一不小心让粉丝掉了进去。无奈之下，他只好将粉丝和鸭血一起给煮了，不承想这一意外让他煮出了一碗味道香醇无比的鸭血粉

鸭血粉丝汤

丝汤，吸引来了很多路人，他们都好奇地猜测这碗鲜美的汤是如何烹制出来的。之后，一个财主听说了这件事，便将这个人聘为厨师，专门为他和自己的姨太太们制作鸭血粉丝汤。自此，鸭血粉丝汤就成为一道美味佳肴在民间流传开了。

鸭血粉丝汤中最重要的是老鸭熬制的汤，其次就是鸭血，不过一些人对鸭血、鸡血、猪血之类的食物比较抗拒，实际上鸭血富含蛋白质、锌、铁、钙等，具有清毒利肠、预防缺铁性贫血的功效，对营养不良、肾脏疾患、心血管疾病等的病后调养都有益处。

如今在南京甚至是江苏各地都能看到售卖鸭血粉丝汤的店面。在人们不断的改进和创新下，鸭血粉丝汤的味道或许会有所不同，但这份传统小吃所蕴含的城市记忆却不会改变。

五、德州扒鸡

德州扒鸡，又叫德州五香脱骨扒鸡，和西瓜、金丝枣并称为"德州三宝"，是产自山东德州的传统小吃。德州扒鸡的主要食材为鸡、蜂蜜、饴糖等，肉烂骨酥，深受海内外人士喜爱，其制作技艺已被列入国家级非物质文化遗产目录。

前面说到"金陵鸭肴甲天下"，而如果说到用鸡制作的美食，那就不得不提被誉为"天下第一鸡"的德州扒鸡。与许多外形不出众却味道极佳的美食不同，德州扒鸡除了味纯肉嫩、味道鲜奇以外，在外形上也有严格的要求。

德州扒鸡的制作流程包括选料、宰杀去毛、浸泡造型、上色晾干、烧油炸制及入汤煮制，最终的成品为鸡的两腿盘起，双翅经过脖子从嘴里交叉着伸出，整体色泽金黄透红。为什么一道扒鸡会对造型要求如此之高呢？那是因为在清朝乾隆年间，德州扒鸡是被送入皇宫中供王公贵族享用的贡品，所以对色、香、味、形的要求都比较严格。

德州扒鸡起源于元末明初。当时漕运兴起，带动了德州的经济发展，于是一些人便在运河码头、水旱驿站和城内的官衙附近卖烧鸡。当时，德州城正处于鼎盛时期，因为水运和陆运都通达，所以这里聚集了很多往来的商贾，许多百姓就以售卖烧鸡养家糊口。他们虽然是烧鸡的发明者，但是那时能吃得起烧鸡的只有达官贵人和富贵商贾。

到了康熙三十一年（1692年），德州城有一个叫贾建才的人经营了一家烧鸡店，因为店面的位置在通往运河码头的街道上，所以生意一直不错。一天，贾建才因为有急事要外出，于是就叮嘱店小二压火，结果他刚走没多久，店小二就在锅灶前面睡着了，等他醒来的时候已经煮过了火。正在他不知如何是好时，贾建才回来了。他试着把鸡捞出来拿到店里去卖，没想到那诱人的香气吸引了很多路人购买。尝过鸡的路人觉得这鸡不仅味香肉烂，骨头也十分酥香。于是，贾建才就潜心研究起了鸡的做法，并不断改进制作技艺，终于研制出了德州扒鸡的原始做法。但这烧鸡总要有一个好听的名字，贾建才自己想不出好名字，就包了两只鸡去请临街的马秀才取名，马秀才尝过后问了制作方法，脱口而出："好一个五香脱骨扒鸡呀！"

于是，贾建才就把自己做的鸡叫扒鸡。第二年，他在元宵灯会上售卖扒鸡，结果扒鸡大卖且受到了大家的好评，从此销路大开，名声大振。而从这时起，德州城出现了烧鸡、扒鸡同产同销的局面，并一直延续了很多年。

如今，德州扒鸡的制作技艺作为一种传统手艺得到了重视，并且不断发扬光大。德州扒鸡也成了闻名海内外的美食。

第五章

中南地区
传统小吃

一、长沙臭豆腐

长沙臭豆腐，又称臭干子。油炸的臭豆腐外焦里嫩，油而不腻，闻起来臭，吃起来香，是一种极具特色的地方风味小吃。

长沙臭豆腐是一种传统特色小吃，味道鲜美，风味独特，具有深厚的文化底蕴。2021 年 6 月，长沙火宫殿臭豆腐制作技艺入选第五批国家级非物质文化遗产代表性项目名录。

关于臭豆腐的起源，还有一个民间传说。元朝末年，淮北大旱，饿殍遍野。朱元璋出身贫寒，为了能混口饭吃，当过乞丐、和尚。有一次，他饿得无法忍受，捡了块别人丢弃的过期豆腐，在炭火上烤熟后吃了。这豆腐虽然臭，但是味道不错，让他记忆深刻。后来，朱元璋成为反元起义军的统帅，军队一路打到安徽。朱元璋高兴之余，命令全军共吃臭豆腐庆祝一番。自此，臭豆腐的美名流传开来。

其实，长沙臭豆腐起源于清朝晚期。当时，长沙府湘阴县一位姜姓豆腐店老板偶然创制出臭豆腐。姜老板将一缸腌制的豆腐炸制后食用，发现美味非常，于是便开始售卖油炸臭豆腐。后来，姜家的后人姜二爹把臭豆腐带到了长沙。起初，姜二爹走街串巷卖油炸臭豆腐，小有积蓄后，改为在火宫殿摆摊售卖。"文夕大火"后，火宫殿重建，设棚屋 48 间，供小商小贩租用，姜二爹因为小本经营，没有进棚屋，他的油炸臭豆腐摊子就摆在火宫殿老牌坊。

姜二爹制作臭豆腐，从选料到制作，无不精益求精。他选用的黄豆要粒粒饱满，泡好豆子，然后磨成浆，烹煮豆浆时，亲自掌握火候，根据经验点卤，浓淡得宜。豆腐做好之后，切成小方片，浸泡到制作臭豆腐的卤水中。姜二爹精心制作出来的臭豆腐质地细腻，油炸的臭豆腐外焦内软，鲜香可口，深受食客青睐。

长沙油炸臭豆腐最开始出现时，以夜间游街售卖为主。据 1919 年 2 月长沙《大公报》对"长沙夜间小卖业生活"的调查，当年在城内卖油炸臭豆腐的有五六十副担子，且全部为湘阴人经营，他们经常走街串巷吆喝，通宵达旦。当时有人在报纸发表诗歌讲述游街卖臭豆腐："声似提壶日夜呼，长沙豆腐世间无。谁为臭味相投者，海上新来逐臭夫。"20世纪30年代，火宫殿成为长沙城内特色小吃的最大聚集区，而油炸臭豆腐则成为火宫殿的主打美食，当时的长沙《观察日报》就曾报道"火宫殿，吃喝玩乐门门有，油炸豆腐最著名"。

长沙的油炸臭豆腐比较讲究，臭豆腐生胚用小油锅慢火炸熟，然后用长筷子在臭豆腐上扎孔滴入辣椒末、酱油、芝麻油等佐料，即成焦脆而不糊、细嫩而不腻、香辣可口的独特风味。这种臭豆腐的特点是初闻臭气扑鼻，细嗅浓香诱人，既有白豆腐的新鲜细嫩，又有油炸豆腐的芳香松脆，它不仅受到文化名人的称赞，一些中外游客、港澳台同胞也慕名前来品尝。

如今，长沙臭豆腐已经成为当地最有名的特色小吃，并在湖南省乃至全国范围内享有盛誉。在长沙市区的街头巷尾、夜市集市都有摊贩售卖香气四溢的臭豆腐。在全国各地，不论是在繁华闹市的小吃街，还是在大小景区的美食区，都能看到售卖长沙臭豆腐的店铺、摊点。

二、灌汤包

灌汤包是河南开封市的一道传统特色小吃，它皮薄有透明之感，里面包有肉馅和汤汁，味美醇香，深受男女老幼的喜爱。

河南开封作为八朝古都拥有深厚的历史底蕴，而灌汤包就是富含其历史底蕴的经典美食。开封人吃灌汤包有一句顺口溜："先开窗，后喝汤；一口吞，满口香。"可见灌汤包最大的特色不是皮也不是馅，而是汤，吃灌汤包的序列中汤为第一，肉馅次之，面皮最后。灌汤包里的汤是怎么灌进去的呢？其实是在包入肉馅的同时加入了皮冻，皮冻在蒸笼中加热就自然融化成了汤汁。

开封是北宋的都城，灌汤包最早就出现于北宋，据《东京梦华录》记载，灌汤包当时叫作"王楼山洞梅花包子"，因为其外观精美、吃法别致，所以是北宋的皇家食品。

在开封还流传着一个有关灌汤包的传说。相传朱元璋率领起义军攻打到金华城，但防守的元军提前做好了准备，他们不仅将城墙加高了，还给城门加上了万斤闸。面对这"铜墙铁壁"，起义军进攻了九天九夜都未能破城，于是只好在城外扎营休息。

城迟迟破不了，朱元璋和他的部下都很着急。一天夜里，大将常遇春睡不着觉便在营帐外走来走去，想破城之法。突然，他看见城门开了，原来是元军押着一批民夫偷偷去江边挑水。常遇春见状，激动地冲进营帐，叫醒胡大海和其他起义军，带着大家一起冲向城门。

灌汤包

常遇春用自己的肩膀顶住城门上的万斤闸，让起义军冲进城。可时间一久，他就有些扛不住了，因为他实在太饿了。好在这个时候，营里正好送来了包子、菜汤等食物，于是常遇春就叫胡大海喂给他。常遇春一边嚼着包子，一边不停地催促胡大海："汤，包子，汤，包子……"胡大海于是让旁边的士兵将菜汤灌进包子里，然后自己再喂给常遇春吃。

　　常遇春吃了包子顿感力量倍增，继续顶着万斤闸，直到所有的起义军都冲进了城里。后来，常遇春问胡大海当时喂给他吃的是什么，胡大海说是"汤包"。常遇春便感叹说如果不是胡大海喂他吃汤包，恐怕他早就被万斤闸压趴下了。后来，人们便根据这个传说做出了灌汤包。

三、咸宁桂花糕

　　咸宁桂花糕是我国湖北咸宁市的特色小吃。其做法是，将白糖加油煮化后放入糯米粉和澄粉，搅拌均匀倒入容器中蒸熟，最后淋上蜂蜜和桂花。桂花糕洁白细软，入口即化，深受男女老少的喜爱。

　　桂花糕为湖北传统特色小吃，其主要原料为糯米粉、糖、桂花、蜂蜜等，做法十分简单，是常见的家庭甜点。

　　桂花糕中最重要的就是桂花，而桂花是一种天然药材。桂花性温味辛，具有健胃、生津、散痰、化痰、平肝的功效，对痰多咳嗽、牙痛口臭、食欲不振、经闭腹痛等患者有很好的治疗效果。湖北咸宁盛产桂花，这就为咸宁桂花糕的制作提供了得天独厚的条件。

　　和许多传统名小吃一样，桂花糕有着悠久的历史，其创始于明朝末年，距今已有近四百年的历史。关于桂花糕的由来，在民间有一个传说：明末文学家杨升庵在做官前勤于读书。据说有一天晚上，杨升庵在书房里看书时睡着了，结果他在梦中见到了魁星，并接受魁星的邀请，去了月宫折桂。魁星命西海龙王载着杨升庵飞至月宫。杨升庵在那里见到了一座宫殿和一棵很大的桂花树，便努力地爬上桂花树，折下了桂枝。后来，杨升庵就进京赶考，中了状元。到了明朝，一个叫刘吉祥的小贩将折取的新鲜桂花做成了一种软糯的点心，这种点心受到了人们的喜爱，被称为桂花糕。

有关桂花糕，还流传着另一个传说：有一个商贩因为生意不好，家里马上就要揭不开锅了，他听从邻居的建议做起了桂花糕。这一天，他将所有的材料装进木盒后没来得及做，但第二天桂花糕不知被谁做好了，而且还非常美味。消息传开后，周围的邻居都前去品尝他家的桂花糕，自此，他家的生意渐渐好了起来。

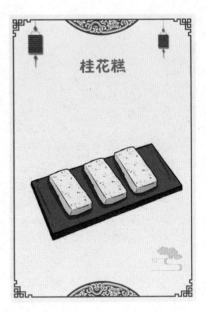

后来，这家人开始有了贪念，于是在盒子里放的材料

越来越多，但是桂花糕的味道却不如之前了。这家人便在夜里一探究竟，结果他们发现这些糕点竟然是一只小兔子做的。小兔子因太累而晕了过去，这家人看到后赶紧上前，自己做了桂花糕喂给小兔子，并将许多盒子都撤走了。后来，这道美味的民间小吃传入了宫中，桂花糕的外观和做法就变得更加精细了。

桂花糕作为一道历史悠久的特色美食，因口味清香、油润不腻而备受人们的喜欢。这些美丽的传说故事，更增添了桂花糕的文化内涵。

四、桂林米粉

　　桂林米粉是广西桂林的一道传统小吃，主要材料为湿米粉、叉烧、卤水，但其特色是酸豆角、酸笋等辅料。桂林米粉酸香美味，是桂林人生活中不可或缺的美食。

　　方水土养一方人，桂林山水之名世人皆知，而这里的好山好水也孕育出了风味独特的桂林米粉。对桂林人来说，桂林米粉不仅是他们生活中最熟悉的食物，也是桂林这座城市的标志性风味。

　　关于桂林米粉的来源，有一个古老的传说：秦始皇嬴政派大将屠睢率领 50 万大军攻打南越，结果遭到了南越人民的顽强抵抗，在激战中，主将屠睢战死沙场。不仅如此，交通不便和水土不服也使秦军苦不堪言。

　　这些秦军大多是北方人，其从小是吃面食长大的，可由于交通不便，无法将北方的粮食运输至此。士兵们吃不惯南方的大米，但让他们饿着肚子打仗肯定是不行的，毕竟食物是保证战事的根本。怎么才能将这些南方的大米做成让秦军接受的食物呢？军中伙夫想了一个办法：他们将大米泡胀，磨成米浆，再滤干揉成粉团，蒸得半熟后舂一阵再用力榨出米粉。这样部队的饮食问题就解决了。

有了食物，下一步就是解决秦军水土不服的问题。这次轮到军医出马了。他们采用草果、茴香、花椒、陈皮、桂皮、丁香、桂枝、香叶、甘草、沙姜、八角等草药和香料熬制成汤给将士们服用，但是由于战事吃紧，将士们常常将米粉混着汤药一起吃，而这种汤药就是桂林米粉卤水的雏形。后来经过人们的不断改良、加工，才变成了现在拥有独特风味的桂林米粉卤水。

还有一种传说是，秦始皇在丞相李斯的陪同下游览桂林山水，他看到漓江里的鲤鱼多到能用手捞起，于是就叫人捕捞了很多，切下鲤鱼须和鱼肚下酒。

可再多的鲤鱼也禁不起这种吃法。秦始皇在漓江游玩了半个月，就捕捞了成千上万条鲤鱼。漓江里的鲤鱼王很着急，他想把嬴政的游船拱翻，让他葬身江中。谁知河伯出面阻止，告诉他帝王之事不可乱来，让鲤鱼王另想办法。鲤鱼王于是将大米磨成浆，将其制作成类似于鲤鱼须和鱼肚的米粉，嬴政吃后拍案叫绝，桂林米粉就这样诞生了。

桂林有一首童谣这样唱道："桂林米粉细又长，白白嫩嫩实心肠。一头搭在侯山背，一头连到桃花江。白天打浆手推磨，半夜榨粉把杆扛。衣裳湿透三五件，好比下河去洗凉。原汤米粉好开胃，担子米粉满街香。凉拌米粉好爽口，炒片粉来多名堂。马肉米粉好味道，牛菜米粉一口汤。"这首民谣生动形象地描绘了桂林米粉的形状、种类及特点。

桂林米粉在桂林人的饮食文化中占据着重要地位。无论清晨还是深夜，桂林的大街小巷都被米粉的香气缠绕，一碗热乎乎的米粉下肚，饱腹又解馋。

五、海南粉

海南粉是海南最具特色的小吃，和抱罗粉、后安粉、陵水酸粉并称为"海南四大名粉"。往米粉里加入蒜泥、牛肉丝、炸鱿鱼丝、油炸花生米、脆炸面片、竹笋及酸菜等辅料，拌制均匀，味道香浓爽滑，深受当地人喜爱。

入夜后，海南街边各种大排档就会组成热闹的夜市，上夜市吃海南粉是海南人夜生活的必选"项目"。

海南粉与前面讲到的桂林米粉及著名的云南米线不同，它的粉白如雪、细如丝，食用方法也很特别。吃海南粉时将辅料和细粉拌在一起，我们通常将其称为"凉拌"，但海南人叫它"腌粉"，不过正是因为海南粉细，它才容易吸收调味料。吃到最后还剩下少量米粉时，再加上一勺海螺清汤或青葱汤一起吃下，浓郁的香味更是让人回味无穷。

海南还流传着一个有关海南粉的传说：据说在古代，有一位姓陈的闽南工匠，他带着母亲迁居到了海南澄迈老城。工匠的母亲身体不好、胃口不佳，常常吃不下饭。这位工匠是一个孝子，见母亲这样，他心里十分焦急。一次偶然间，他发现当地的大米特别好，于是将其加工成米粉。他母亲尝过后胃口大开，不仅吃得下东西了，身体也渐渐好了起来。

之后，这位陈姓工匠开了一家米粉店，他做出来的米粉很美味，所以店里的生意十分兴隆，前来拜师学艺的人络绎不绝。不久后，这种外形洁白、口感爽滑的米粉就传遍了全岛，且取名为"海口腌粉"。

海南粉距今已有五百多年的历史，根据明代的《正德琼台志》记载，明朝正德年间，海南岛共有121个较大的墟市（中国南方农村定期开设的集市），里面都有海南粉加工作坊和小摊。《正德琼台志》是记录正德时期有关琼州府（今海南省海口市）及所属州县县域方志等的文献资料，可信度很高。通过其中的记载我们可以看出，明朝时期海南粉已经是当地一种普遍的小吃了。

如今，海南粉在继承传统腌制方法的同时，也加入了一些新的食材和调料，味道更加鲜美、有特色。海南粉在海口等地很受欢迎，人们不仅每天早晚都要吃上一碗，而且在喜庆节日里也要吃它，以此寓意吉祥长寿。细细咀嚼海南粉，异香扑鼻，余味无穷，吃后满口醇香，越吃越爱吃，越吃越想吃。

海南粉不仅醇香可口，而且传递着一种独特的氛围，这是一种美食文化的内核。人们在品尝它时，也是在寻觅先人的足迹，感受中华传统文化。

第六章

西北地区
传统小吃

一、凉　皮

凉皮是起源于陕西关中地区的一种传统美食，其主要原料多为高筋面粉或大米，因原料、制作方法不同，有米皮、面皮、擀面皮之分，口味有麻辣、酸辣、香辣等。

凉皮流行于我国的北方地区，最常见的是面皮。除此之外，米皮、擀面皮也是凉皮中的佼佼者。在所有凉皮中，历史最悠久的要数秦镇米皮，它的历史最早可以追溯到两千年前的秦始皇时期。

秦镇位于西安的西南，紧邻沣河，盛产优质的大米。当地人被要求按时向皇室进贡。可是，在古代，大米的收成是很难保障的。有一年，关中地区大旱，大米的收成和质量都很差，品质和数量远远达不到要求。面对官府的不断催促，人们都十分着急。这时，一个叫李十二的人站了出来，他将这些品质不佳的大米磨成浆，然后放在蒸笼中蒸制成米皮呈了上去。没想到秦始皇吃了这种米皮以后，觉得十分美味，一番夸赞后，钦定秦镇米皮为贡品。

汉中面皮的历史同样十分悠久，据说起源于秦汉时期。相传刘邦在汉中称王，命萧何修筑山河堰，汉中的粮食连年丰收。一些百姓为改善生活，把面粉加水稀释，蒸成薄饼，切条放入调料凉拌而食，味道十分鲜美。一天，刘邦微服出访，来到一位农民家里，好客的主人便以凉拌蒸饼丝招待他。刘邦边吃边称赞，问这种食物叫什么，主人说不出来。刘邦听了主人讲的制作方法，哈哈一笑，信口说："就叫蒸饼吧。"后来，人们改用重叠式竹笼蒸饼，一次可蒸数张，而且饼又大又薄，将其切成细条，筋丝柔韧，软而不断，恰似皮条，于是就叫它"面皮"。

相比于米皮、面皮，擀面皮的制作方法略有不同。在制作擀面皮时，要先将面粉洗出面筋，然后蒸熟切块，再将洗掉面筋的淀粉蒸至半软，之后切成大小均匀的小团，用擦过油的擀面杖擀成面皮，再上锅蒸热，这样做出来的擀面皮有韧度和筋性。这种面皮据说是从宫廷流传到民间的。康熙年间，岐山县八亩沟村一个叫王同江的人曾在皇宫里做御厨，他根据自己多年的经验，首创出这种面食。康熙末年，王同江年老归乡，在八亩沟收徒传艺，并且开设店铺，经营擀面皮的生意。从此，擀面皮在民间广泛流传。

现在，凉皮是陕西一道家喻户晓的传统美食，当地人一年四季都吃它，他们冬天吃炒凉皮饱腹保暖，夏天吃凉皮消暑开胃。在陕西，凉皮以它不可抗拒的美味吸引着每一个人，无论什么季节，凉皮店里都有很多食客。

现在，全国各地的许多餐馆里都能看到凉皮的身影，并且具有不同的风味。可见，人们在传承这一传统小吃的同时，也不断对它进行着创新。

二、天水呱呱

天水呱呱是甘肃天水的一种传统特色小吃，被誉为"秦州第一美食"。其主要原料是荞麦粉，口感软绵，极具西北特色，现已被列入第四批甘肃省非物质文化遗产名录。

在甘肃天水许多售卖天水呱呱的店里都能看到这样的场景：老板将一团荞麦面或捏或撕，放入碗中，然后根据客人口味加入辣椒油、醋、芝麻酱、蒜泥等调料，这样一份香喷喷的呱呱就做好了。

许多到天水旅游的外地游客很不解：为什么一定要用手捏或撕呢？20 世纪 90 年代，人们对呱呱的制作方法进行过变革，用铲子之类的工具将面团碾碎，但这样做出的呱呱不够入味。最终，为了味道和口感，大家又回归到用手撕或捏的方法制作天水呱呱了。

天水呱呱的种类有很多，除了荞麦呱呱，还有扁豆呱呱、豌豆呱呱、面粉呱呱等，不过最受欢迎的是荞麦呱呱。荞麦富含膳食纤维，并且它的含糖量和脂肪量都很低，长期食用也不容易发胖。

天水呱呱有着悠久的历史，据说其产生于西汉时期。西汉末年，出身陇右大族的隗嚣占领了天水郡平襄城，并凭借自己的威望逐渐形成了陇西的割据势力。这位上将军不仅政治能力出众，对母亲也十分孝顺，经常亲自为母亲朔宁王太后做她爱吃的食物。据说王太后十分爱吃荞麦面，结果有一次制作荞麦面时因

为火太大，锅底烧焦了，隗嚣闻到这股煳味便打算将这锅面倒掉，毕竟不能将做坏的面端给母亲吃。

王太后知道后，阻止了儿子，她认为当时世道不太平，还有很多人连一顿饱饭都吃不上，这样浪费粮食实在是不可取。隗嚣只好将这种食物端了上去，没想到这锅烧焦的荞麦面竟然比之前的吃着更香！此后，隗嚣在制作荞麦面时总是特意将其烧焦一些。这种做法后来渐渐传到了民间，之后就成了天水家喻户晓的一道传统特色美食。

　　还有另外一个传说：王太后非常喜欢吃呱呱，每三天一定要吃一次，皇宫的御厨十分擅长制作这道美食。西汉末年，隗嚣被刘秀打败，仓皇逃至西蜀。而逃出的御厨隐居天水，并在城里租了一间店铺做起了卖呱呱的生意，这才使这一美食流传到了天水民间。

　　"呱呱"在天水话中是锅巴的意思，也有人说"呱呱"有"顶呱呱"的意思。天水人将这一称呼赋予他们喜爱的食物，可见这一美食在他们心目中的地位。

三、青海甘蓝饼

青海甘蓝饼，又叫"狗浇尿"，是青海的特色小吃，主要原料为面粉和青稞粉。甘蓝饼色泽金黄，味香且口感软绵，深受青海人民喜爱。2010年，它作为青海风味小吃参加了世博会。

青海的特色小吃"狗浇尿"在2010年参加世博会，因为名字不够文雅而"被迫"改名为"青海甘蓝饼"，改名后的青海甘蓝饼通过世博会走向了世界。

青海甘蓝饼实际上是一种薄饼，它之所以叫"狗浇尿"，是因为它的制作方法有些特殊：过去由于油十分珍贵，人们在烙饼的时候会沿锅浇青海产的菜籽油，并且这一浇油的动作要反复进行，仿佛是一只小狗在撒尿，因此这种饼被人戏称为"狗浇尿"。

"狗浇尿"虽然名字不好听，但是味道很不错。它吃起来又香又甜，口感软绵，让人回味无穷。如果外地人到当地的餐馆用餐，服务员一定会首推这道名字奇特的特色小吃。如果去本地人家里做客，他们大概也会端上一盘"狗浇尿"让客人品尝。

在当地，"狗浇尿"还有一个传说：从前有个新媳妇，按照当地的传统习俗，要在第二天早餐时展示厨艺。结果，这个新媳妇忘记了从娘家带美食过来，只好赶紧去厨房里准备早餐。可在她准备和面的时候，一只小狗突然跳上灶台踢翻了油壶。案板上顿时流满了油。新媳妇无奈，只能赶紧将面粉倒在案板上吸油，

青海甘蓝饼

再将面和成了油面，并撒上香豆粉，浇上一点儿清油抹匀卷起来，然后顺着面卷的方向做成螺丝状并切成小段，最后将这些小段擀成薄饼。她一边烙饼一边浇油，并且不停地转动薄饼使其受热均匀，待一面上色后便翻转过来用同样的方法烙另一面。新媳妇忐忑地将烙好的饼端上了桌，结果大家吃了热腾腾的薄饼，不断夸赞这种烙饼口味香甜，于是这种薄饼美食就流传开了。

"狗浇尿"在青海非常受欢迎，很多餐厅都会隆重地

推荐这道特色小吃。一方面，本地人十分爱吃这种薄饼；另一方面，外地的游客为了满足好奇心和猎奇心理，都愿意品尝"狗浇尿"。

现在，"狗浇尿"已经是青海的一张名片，代表了青海的饮食文化和地方特色。

四、新疆馕

馕是新疆人喜爱的传统主食之一，其主要原料是小麦粉。因为馕的水分含量少，且方便携带、不易变质，十分适合新疆干燥的气候，所以是新疆人出远门必备的干粮。

馕的种类多样，最大的"馕中之王"叫作"艾买克"，最小、最精细的馕叫"托喀西"，此外还有用死面做的"喀克齐"和"比特尔"，以及评价颇高的"阔西"和"阔西格吉达"等。每一种馕都极具特色，不仅在外形、用料和做法上有很大差异，就连烤馕的馕坑都有样式和材料的不同。

新疆人吃馕有着悠久的历史，吐鲁番还曾出土过唐朝的馕。我国有许多关于馕的史料记载，唐代诗人白居易曾在《寄胡饼与杨万州》中写道："胡麻饼样学京都，面脆油香新出炉。寄与饥馋杨大使，尝看得似辅兴无。"这里的

"胡麻饼"指的就是馕。而关于馕的由来，则要从新疆塔里木盆地的塔克拉玛干沙漠说起。

塔克拉玛干沙漠是我国最大的沙漠，同时也是世界第十大沙漠，这里降水量极低且夏季十分炎热，牧民们常常被热得全身冒油。在沙漠边缘有一个叫吐尔洪的牧羊人，有一天，他在放羊时实在热得受不了了，就跑回家里，抓过妻子放在盆里的面团顶在头上，像戴毡帽一样用来遮阳。可不一会儿，他头上的面团就被太阳烤干了。这时他想起了自己的羊，于是就顶着干了的面团往回赶，结果一不小心被一条红柳根绊倒了。他头上的面团掉下来摔成了小块，顿时香味扑鼻。于是，他从地上捡起一块碎饼尝了尝，发现它外焦里嫩，十分美味。他赶紧将碎饼全部装起来往回跑，并将碎饼递给路人品尝。大家都说这种饼好吃，还纷纷效仿制作。大家要给它起一个名字，以和其他饼相区别。吐尔洪想来想去，提议说叫它馕。到了冬天，太阳没那么热了，大家都吃不到馕，吐尔洪想到了一个好主意：他在园子里挖了一个坑并用黄泥抹实，中间则烧红柳根，等炭火烧红了，就将和好的面团贴到坑壁上烘烤，不一会儿馕就熟了，而且烤出来的更好吃。从此，大家一年四季都能吃上馕了。

现在，馕在新疆家喻户晓，有很多品种，比如面馕、油馕、馅馕、形馕。面馕以小麦粉或玉米面为原料制成；油馕是一层面，一层油，然后擀薄烤制；馅馕里可以放玫瑰花酱、核桃、黑加仑、大枣等；形馕多用面坯制成葡萄、鸟、鱼等多种造型，有点儿像面塑。不同地区的馕也各有特色，如哈密产大油馕；库车产库车大馕；和田产窝窝馕、馅料馕；喀什产皮牙子馕；阿图什和吐鲁番产芝麻馕。

　　新疆人用餐讲究细嚼慢咽，他们通常将馕掰成若干个小块，泡在肉汤、奶茶里食用。掰馕是新疆食馕文化重要的一部分。在新疆人的观念里，馕要与人分享，圆圆的馕也象征着团结友好。

　　馕不仅是新疆的一种日常美食，在许多重要的场合它也是不可缺席的重要"嘉宾"。在新疆的婚礼上，新郎和新娘要各拿一半馕蘸上盐水吃下去，这代表着在将来的日子里两人将同甘共苦，相互扶持走完一生。

五、羊肉泡馍

羊肉泡馍，又叫羊肉泡，古时候也被称为"羊羹"，是极具特色的陕西美食。其主要食材为烙饼、羊肉、粉丝等，不仅闻上去香味浓郁，吃一碗还能暖胃抗饿。苏轼曾言"秦烹唯羊羹，陇馔有熊腊"，可见其对羊肉泡馍的喜爱程度之深。

在陕西的著名小吃中，饼的种类绝对占有很大的比例。这是因为古时候关中地区的人多以小麦为主粮，而小麦面粉做成的饼自然就成了他们餐桌上的"常客"。当时陕西的饼食大致分为汤饼、蒸饼和烧饼，羊肉泡馍就是以汤饼的做法为基础，加入羊肉等其他配料做成的一道佳肴。

关于羊肉泡馍的起源，最早可以追溯到公元前 11 世纪。根据史料记载，羊肉泡馍在西周时期是礼馔，不过那个时候还叫"羊羹"。而"羊羹"之后演变为羊肉泡馍，则要从五代十国时期说起。

　　相传，五代十国末期，还未得志的宋太祖赵匡胤在长安街头流浪。有一天，他因为饥饿难耐就到一家卖烧饼的店铺里向店主讨要烧饼。店主看他实在可怜，就把前几天剩下的两个烧饼给了他。但是放了好几天的烧饼又干又硬，赵匡胤实在难以下咽。正在这时，赵匡胤闻到了一阵诱人的肉香，他循着味道来到了一家羊肉铺门口，向店家讨要了一碗羊肉汤。他将干硬的烧饼掰碎了泡进羊汤里，津津有味地吃了起来。吃完后，赵匡胤顿时觉得身体暖了起来，整个人神清气爽。

　　后来，赵匡胤成了宋朝的开国皇帝，他每日享用山珍海味，时间久了不由得怀念起落魄时的那一碗"羊肉泡烧饼"。于是他赶紧召来御厨让他们做一碗，但不管御厨怎么做，却始终无法还原当时的味道。后来有一天，赵匡胤出宫巡游，来到了当年自已流浪的那条街，又闻到了那阵熟悉的诱人肉香，就赶紧到店铺里让店主做一碗羊肉泡烧饼。

羊肉泡馍

店主见皇帝驾到自然是不敢怠慢，但是街上的烧饼铺都已经关门了，他只好让自己的妻子烙几张饼。不过因为这种饼没有加酵母，太硬了，他就将饼掰碎了，放进羊肉汤里煮，之后又放上大片的肉和粉丝等。做好后，他便将这碗热气腾腾的羊肉泡馍呈给了赵匡胤。赵匡胤一尝，立即就吃出了当年的味道，于是全然不顾及形象地大口吃了起来。

第二天，皇帝来这里吃羊肉泡馍的事情就在长安城内传开了，百姓们都争先恐后地赶来尝这道让皇帝赞不绝口的美食，而这家店铺的店主也顺势将铺子改为了专门售卖羊肉泡馍的店。

在陕西，羊肉泡馍店随处可见。羊肉泡馍烹制精细，肥而不腻，营养丰富，芳香四溢，让人回味无穷，很受欢迎。游客来到西安旅游，羊肉泡馍也成为他们品尝美食的首选。吃上一碗热腾腾的羊肉泡馍，能让人深切感受到当地的饮食文化。

第七章

西南地区
传统小吃

一、重庆小面

重庆小面是重庆地区一种常见的特色小吃。狭义的重庆小面通常指麻辣素面，主要做法是：先将作料调好，然后加入煮好的菜叶和小面；现在广义的重庆小面指加有浇头的小面和红油素面，其主要特色是麻、辣、咸、香。

说到重庆美食，大部分人首先会想到的就是火锅和小面，这两者的共同特点就是"辣"。重庆小面的作料是没有特定标准的，有人喜欢红油素面，有人喜欢清汤小面。不仅如此，重庆小面在面的种类上也有粗面、细面之别，甚至还有一种类似于大面片的"铺盖面"。另外，重庆小面并非只有我们常见的汤面，许多本地人还喜欢吃一种叫"干馏"的干拌面。

重庆是一座山城，老城区还保留着许多位于坡道上的老旧餐馆。老板会在店面外支起小桌子，用餐高峰时，很多顾客就坐在外面的小桌子上享用小面，而这也是重庆的一道独特的风景线。

除此之外，重庆属亚热带季风性湿润气候，有雾的天气一年有两百多天，这种气候使得重庆地区湿气重，而吃辣椒可以祛除身体内的湿气，可见重庆地区的人们爱吃辣是气候条件造就的。不过，也正是这种气候，才促成了重庆小面的诞生。

关于重庆小面还有一个传说：在南宋末期，蒙古军队南下四川，重庆知府就在西北部的合川（今重庆市合川区）建了一座钓鱼城来抵御他们。

当时正值冬季，钓鱼城的作战环境十分恶劣，许多将士因为寒气入体而身体欠佳，于是随军伙夫就将油辣子加到面条中调味，以此来祛除将士们体内的寒气，重庆小面就此诞生。最终，在南宋将士们的顽强抗争下，蒙古军未能攻下钓鱼城。

其实重庆小面的历史更加悠久，其起源于唐代，成形于清末民初。唐代诗人杜甫有一首叫作《槐叶冷淘》的诗："青青高槐叶，采掇付中厨。新面来近市，汁滓宛相俱。入鼎资过熟，加餐愁欲无。碧鲜俱照箸，香饭兼苞芦……"这首诗主要写了杜甫在夔州府治奉节吃槐叶冷淘的情景。冷淘就是凉面、冷面，槐叶冷淘就是以槐叶汁和面制作的冷淘。宋人陈元靓在《事林广记》中详细记载了槐叶冷淘的做法："槐叶采新嫩者，研取自然汁，依常法溲面，倍加揉搦，然后薄捏缕切，以急火沦汤煮之，候熟，投冷水漉过，随意合汁浇供，味既甘美，色亦鲜翠。"这种味道甘美的槐叶冷淘就是最早的小面。

明清时期，重庆地区出现了夔面。夔面是夔州府治奉节县出产，并且在周边的巫山、云阳、三峡地区流传。明人王士性在《广志绎》中写到夔面："夔州之面和以云阳之盐，能使乘湿置书箧中而经岁自干不坏。余戊子秋过夔，庚寅春居广右，尚食夔面也。"到了清代，夔面依然流行于夔州及三峡地区。道光年间，赵亨钤乘舟过巫山县时，县令张问舟赠送了他香片茶与夔面。他食后，颇为中意，发出"香片茶、夔面极佳"的赞叹。

重庆小面真正形成于清末民初，是从担担面发展改良而来的。当时，一些人为了生计，肩挑着扁担，走街串巷地叫卖。扁担一头装着面条和调料，另一头装着炭炉和面锅，一个人就是一个流动的面摊。后来，重庆的董德民、陈淑云夫妇在保安路中段开设"正东担担面"摊子，之后又开店卖面。

随着时代的发展，重庆这座有着悠久历史的城市逐渐变得现代化，它身上也多了很多体现时代潮流的新标签，而重庆小面和小面馆也成为传播重庆美食文化及地方文化的重要元素。

二、叶儿粑

叶儿粑，又叫艾馍、猪儿粑，是四川地区的传统特色小吃。其做法是：用糯米面包入喜欢的馅料，再用粑叶包起来，置锅中用旺火蒸。

馍在四川一带的方言中叫作"粑"，四川小吃的各种"粑粑"中，最为有名、流传最广的要数叶儿粑了。叶儿粑有咸、甜两种味道，咸的以猪肉、冬笋、芽菜甚至是腊肉等为馅，甜的以芝麻、核桃、花生及各种糖为馅。由于主要原料是糯米，因此叶儿粑也有补脾暖胃、补中益气的功效，但多食不易消化。

在四川，叶儿粑是一种历史悠久的美食，当地的许多餐厅或小吃摊上都有它的身影。不过，它在不同的地区不仅有不同的做法和特点，也流传着不同的传说。叶儿粑在四川的主要发源地有三个：崇州怀远、乐山犍为和宜宾。

崇州流行的叶儿粑的传说是：有一年清明节，太平天国领袖李秀成麾下的大将陈太平遭到了清兵的追捕，他在躲避时得到了附近一个耕田农民的帮助。清兵为了防止农民给陈太平送吃的，设置了层层关卡，于是这位农民就将艾草汁揉进糯米粉里做成团子，然后放在草地上骗过了清兵。后来，陈太平平安回到了大本营，李秀成听说后就下令全军上下做这种青团子以备不时之需，因此这种青团子一开始也叫"艾馍"。如今川西农家会在清明节将这种"艾馍"当作节日的传统食物。

乐山有关叶儿粑的传说是：据说乐山城区有一家卖叶儿粑的店，但是店家每天做好粑粑后却不着急卖，非要等到中午县太爷退堂后，听到三声鼓响才开始卖，所以被叫作午时粑。不过还有一种说法是五通桥有一个小吃店，这家店的店主每天早上六点开始卖叶儿粑，过了正午就不卖了，所以叫午时粑。

叶儿粑

四川不同地区的叶儿粑选用的叶子也不同，乐山地区多选用大叶仙茅叶子作为粑叶；宜宾地区多选用良姜叶子作为粑叶；崇州地区多选用橘叶作为粑叶。不管用哪种叶子，它们都有一个共同的特点：三不沾，即"不沾口、不沾粑叶、不沾牙"。叶儿粑保存时间比较长，可以存放半个月甚至更长时间。且携带方便，老少咸宜，加热几分钟就可以吃，是不可多得的美味绿色食品。

在四川很多地方，人们逢年过节，特别是端午、中秋、春节时都要吃叶儿粑。过年的时候，很多地方还有做叶儿粑的习俗。随着时代的发展，虽然现在会做叶儿粑的人少了，但人们对于叶儿粑这种传统小吃的喜爱并未减少。

三、丝娃娃

丝娃娃，又名素春卷，是贵州省贵阳市的一种传统小吃。其制作方法是：用大米面糊烙成薄饼，其中卷入萝卜丝、折耳根（鱼腥草）、海带丝、脆哨等。丝娃娃口味酸辣，有开胃健脾的功效。

丝娃娃是贵阳街头一道颇具特色的小吃。许多沿街而设的小吃摊都售卖丝娃娃，不仅配菜品种多，而且造型美观。薄薄的烙饼里包裹着多种切细的菜丝，红、白、黄、绿、黑等多种颜色相间，鲜明又漂亮。

丝娃娃主要由三部分构成：薄饼、菜丝和蘸水。丝娃娃的正确吃法是，尽可能将多种菜丝包入薄饼中，然后加入几粒酥脆的炸黄豆或者脆哨，再注入酸酸辣辣的汁液混着一口吃下去。蘸水一般用折耳根、蒜水、姜末、辣椒面、花椒油、麻油、木姜子油、醋等混合制成。这种咸鲜酸辣的蘸水配上清脆爽口的菜丝令人回味无穷，越吃越想吃。

丝娃娃在民间还流传着一个传说：民国初年，有一对夫妻一直没怀上孩子，他们四处寻医却不见成效。无奈之下，丈夫便到寺庙去上香，请求佛主赐予他们一个孩子。寺庙的住持告诉他，回去之后一定要诚心地念诵经文，还要多吃素，并且告诉了他制作素食面饼的方法。

丈夫很感激住持，回家后便准备按照其叮嘱制作面饼，但是他的妻子不喜欢吃面食，为了照顾妻子的喜好，他将面饼做成了只有手掌大的一块薄饼。妻子第一次见到这样的食物，好奇地问丈夫这是什么，丈夫随口给它取了个名字——思娃娃。

丈夫按照住持的叮嘱做了不久，妻子便有了身孕，后来他们生下了一个健康的大胖小子。在为孩子办酒席庆生的时候，亲朋好友向夫妻二人打听怀孕的秘方。丈夫也不藏着掖着，将事情的经过如实告诉了大家。很快，这件事就在当地传开了。于是各家各户开始做素食面饼，因为其中包裹的菜品皆为丝状，所以又称它为"丝娃娃"。

据文献记载，丝娃娃是 20 世纪 70 年代才出现的小吃，是由春卷发展而来的。当时春卷是在一张面皮里加入各种素食，再配上调料，最后卷在一起。丝娃娃就是一个缩小版的春卷，因为它美味价廉，所以受到人们的追捧。

后来，在贵阳黔灵公园门口出现了第一家卖丝娃娃的店，因价格低廉、口感香脆很快走红。在游客们的口口相传下，丝娃娃的大名迅速传播开来。如今，丝娃娃不仅是贵阳有名的特色小吃，更是很多游客来贵阳必吃的美食之一。

四、饵　块

　　饵块是云南、贵州等地的特色小吃。其制作方法是：把泡过的大米放在木甑里蒸至六七分熟，然后放到碓窝里春成面状，最后取出来放到案板上搓揉成砖状。饵块口感黏软，可烧、煮、炒、卤、炸，风味各异，深受当地人的喜爱。

　　说到云南，很多人首先就会想到"云南十八怪"，这都是由于云南独特的地理风貌产生的奇特风俗，而其中一怪就是"米饭粑粑叫饵块"。实际上，饵块和我们通常所说的糍粑是有区别的，饵块的原料是大米，糍粑的原料则是糯米。

　　饵块有着悠久的历史，西汉时期的《急就篇》中有"饼饵麦饭甘豆羹"的记载，唐人颜师古注解为："溲米面蒸之则为饵"。

　　饵块不仅历史悠久，而且还有不少相关的传说。据说古时候有一位商人途经昆明时看到城门口挤满了人，有的人在大骂，有的人则抱着哇哇大哭的孩童，他觉得很奇怪，便问发生了什么事。人们告诉他，前几天衙门里突然起了大火，知府找不出原因十分生气，就认定是当地百姓故意纵火烧衙门，于是惩罚所有人三个月内不准生火做饭。

老百姓既愤怒又无奈，商人说他有办法，并把办法告诉了大家。大家听完后，都喜笑颜开地回到家中，架起炉子烤起了饵块。知府见状很生气，可百姓却说他们并没有违反知府的禁令，因为他们没有做饭，只是在烤饵块吃。

还有一个传说是：清朝初年，吴三桂率兵打到云南，明朝的永历皇帝仓皇向西逃命。一行人到达腾冲（今云南省保山市辖区）时已经是晚上了，大家又累又饿，随从赶紧找到了当地的一户人家给大家做饭。主人见他们如此疲乏，赶紧炒了一盘饵块给他们吃。饿极了的时候自然是什么都好吃，吃惯了山珍海味的小皇帝很快吃光了盘子里的食物，并大赞炒饵块美味。

饵块是云南大众化的特色小吃，吃法多样。曲靖人喜欢吃烧饵块，而且饵块的个头儿很大，有如扇子；腾冲人吃饵块讲究精细，饵丝（饵块被切成丝后叫饵丝）细白如玉，入口筋道；大理人吃饵块讲究味道，其特点是酱料丰富，还加有花生碎。

过去，每年腊月，云南家家户户都要舂饵块，做出的饵块又白又软，质地软糯，四角圆滑。切一片饵块放在火上，边烤火边吃，再蘸上云南豆腐乳，就有了过年的味道。现在，自己做饵块的人很少了，但是大家还是喜欢吃这种美食，因为它已经成为云南人的一份独特的记忆。

五、糌 粑

糌粑是"炒面"藏语的译音，它是我国西藏自治区的一种特色小吃，也是藏族人的传统主食。将青稞晒干炒熟后磨成粉，吃的时候混入酥油茶、奶渣、糖等拌匀捏团，就是喷香的糌粑。

如果有幸去藏族人家中做客，除了能品尝到酥油茶，还能吃到另一种美食——糌粑。可能大多数人第一次听到糌粑这个名字时会好奇它到底是什么。如果说炒面，很多人就不会觉得陌生了，而糌粑就是炒面。

这种炒面和北方的炒面十分相似。不同的是，北方的炒面是先把小麦磨成粉后炒，而糌粑是先炒熟青稞再磨成粉。糌粑的主要原料通常是青稞。青稞适合生长在高原地区，耐寒能力极强且高产早熟，是我国西藏地区的主要粮食作物。青稞中含有大量的葡聚糖和膳食纤维，不仅能健脾养胃，还能调节血糖、补充体力。用青稞制作的糌粑不仅营养丰富，而且热量很高，因此它也具有耐饿御寒的特性。糌粑的历史悠久，据说公元7世纪时，藏王经常带兵打仗，由于西藏地区环境比较恶劣，交通不便，军粮的供给面临着很大的困难。藏王倍感焦虑，夜里辗转难眠，直到有一天晚上，他在梦中见到了格萨尔王。

格萨尔王是藏族传说中的人物，是一位令藏族人民倍感骄傲的英雄。他南征北战、戎马一生，降妖除魔造福藏族人民，因此深受人们的敬仰和爱戴。这位伟大的英雄对梦中的藏王说："你为什么不将青稞炒熟磨粉呢？这样不是既方便携带又方便储藏吗？"

醒来后，藏王立刻叫来部下，让他们将青稞晒干炒熟磨成粉，吃的时候将随身携带的酥油茶、奶渣等混入粉中搅拌捏团。如格萨尔王所说，这样的干粮既方便携带又方便储藏，而且能充饥御寒，是很好的行军干粮。后来，这种青稞炒面的加工方法逐渐传遍了藏区。因为"炒面"在藏语里发音是"糌粑"，故而被叫作糌粑。

时至今日，糌粑在藏族的藏历新年习俗中仍占据着重要的地位。

六、凉 糕

凉糕是四川、重庆、贵州、海南等地的传统小吃。其主要原料是糯米、大米、籼米等，香甜软嫩、清爽可口，是夏季消暑的必备良品。

在炎热的夏季，川渝街头常常能看到许多支着大遮阳伞的小摊，摊贩们吆喝着卖凉糕。路人停下来要一碗凉糕，小贩便会从隔热的泡沫箱子里端出一碗冰凉白嫩的凉糕，再淋上熬制好的红糖水。凉糕不但清热解暑，还美容养颜，因此受到女性的喜爱。

凉糕的原料是糯米和大米，含有丰富的蛋白质、脂肪和糖类等，具有补中益气、健脾养胃的功效，对于食欲不佳和腹胀腹泻也有一定的缓解作用。

凉糕虽然叫"糕"，但它不是糕点。制作凉糕时，要先用水浸泡好米，然后磨浆加入碱水，倒入沸水中不停搅拌，熬制好后放入碗中静置冷却，之后再漂洗碱分并进行冷藏。在熬制过程中，火候的掌握十分重要，在冷藏时也要将温度控制在 5 摄氏度左右，这样才能保证最好的口感。

四川宜宾人特别喜欢吃凉糕，当地最出名的是葡萄井凉糕。不过，葡萄井凉糕在做法上和其他地方的凉糕并无差别，特别之处在于其泡米的井水来自葡萄井。那么，这葡萄井有什么特别之处呢？这就要追溯到三国时期了。

相传公元 225 年，蜀汉丞相诸葛亮率领大军南征，南中叛军节节败退，最后退守双河古城（今四川省宜宾市长宁县），叛军首领孟获遂下令严守城门。时值夏日，城墙下的蜀军经过长期追击，口干舌燥，人困马乏。大将魏延见状便对诸葛亮说东城有一口冬暖夏凉的奇井，名叫葡萄井，如果动员当地百姓给将士们做凉糕，便可以稳定军心。诸葛亮听完大喜。第二天，蜀军的营地就传来了锣鼓喧天的声音，百姓们带着凉糕前去犒劳将士，蜀军军心大振。城内的叛军则是军心涣散，他们听闻百姓送去的凉糕美味解

暑，无不心生向往。两天后，蜀军攻破双河古城，取得了胜利。自此，双河古城葡萄井凉糕的名气便传开了。

如今，葡萄井凉糕仍是当地老百姓的消暑佳品，前去旅游的人也一定会找个小摊坐下来品尝一碗这富有历史渊源的特色小吃。

第八章

港澳台地区
传统小吃

一、鸡蛋仔

　　鸡蛋仔是我国香港地区独有的一种传统街头小吃，与华夫饼相似。其主要原料是鸡蛋、面粉、砂糖和牛奶等。新出炉的鸡蛋仔呈金黄色，有蛋糕的香味，是香港街头十分受欢迎的特色美食。

　　在香港街头，总能看到小吃店的门口排着很多人，而这些人肯花时间排长队，就是为了购买一份香甜的鸡蛋仔。这种小吃的用料和做法十分简单，只要将鸡蛋、面粉、砂糖和淡奶油按一定比例混合成汁液，然后倒入特制的模具中烤制即可。

　　新出炉的鸡蛋仔散发着浓郁的蛋糕香气，因为模具呈蜂巢状，所以它中间鼓起的部分为中空，咬一口会有回弹、松软的感觉。除了味道极佳、口感独特，鸡蛋仔价格还十分低廉。这是因为最初的鸡蛋仔使用的是鸭蛋，而那时候鸭蛋的价格是低于鸡蛋的，可以降低制作的成本。

鸡蛋仔最早出现于 20 世纪 50 年代的香港地区。据说当时有一个开杂货店的老板觉得将破裂的蛋丢掉太可惜，于是决定尝试用它们来做美食。他将蛋液和面粉、淡奶油等混在一起，然后将它们搅拌成糊状，最后再将这些面糊倒进模具里烘烤。之后，老板亲自设计了一款带有许多小鸡蛋样的模具，没想到烤出来的小蛋糕受到了顾客的一致好评。就这样，鸡蛋仔诞生了。

经过几十年的发展，香港地区的鸡蛋仔已经从街边小贩用手推车售卖的形式发展为专门售卖鸡蛋仔的小食店。直到今天，鸡蛋仔仍是香港地区受欢迎的小吃。现今，不仅是在香港地区，在我国的台湾和大陆地区，鸡蛋仔也十分常见。鸡蛋仔也不再是单一的口味，而是发展出了椰丝鸡蛋仔、巧克力鸡蛋仔、芝麻鸡蛋仔、香葱鸡蛋仔、红豆鸡蛋仔、火腿玉米鸡蛋仔等多种口味。

除了在口味上进行改变，鸡蛋仔在吃法上也有了很大创新。例如，冰激凌鸡蛋仔在夏季就是一种十分受欢迎的

小吃，热腾腾的鸡蛋饼和冰凉的冰激凌相结合，呈现出一种冷热交替的奇妙口感。还有的商人在冰激凌鸡蛋仔上加上饼干和水果做点缀，非常受年轻人的欢迎。

鸡蛋仔承载着香港人儿时的一段美好记忆，带给他们无穷的快乐。

二、鱼蛋粉

鱼蛋粉是我国香港地区的特色美食，其主要食材是鱼蛋、大地鱼猪骨汤和桂林米粉。用大地鱼猪骨汤做汤底，再加上米粉、鱼蛋、牛丸、炸肉卷、鱼块、云吞等食材，做出的鱼蛋粉香软爽滑。

鱼蛋又称鱼丸（香港人习惯称之为鱼蛋），是一种将鱼肉打成浆加上淀粉搅拌均匀，再掐成丸子状的食物。香港人非常喜欢吃鱼丸，而鱼蛋粉是香港地区极具代表性的美食。去到香港旅游，如果不吃一碗鱼蛋粉，实属一大遗憾。

虽然鱼蛋粉在香港美食界有着很高的地位，但其发源地却不在香港，而是在广东的潮州。据说广州第一家潮味鲜鱼蛋粉店的老板是潮州人，光绪二十年（1894年），他在第十甫开小食店。刚开业不久，便有很多潮汕老乡前来捧场，也有很多广州人前去尝鲜。一时间，小店生意相当红火。

不过，他的店生意兴隆，附近一些广州本地店面的客源就少了，时间一长就遭到了同行的嫉妒。有一天，一个同行召集了一帮人抄着家伙冲到店铺里闹事，本想给店主一个下马威，没想到店主是潮州南枝拳和南枝棍法的高手，这帮挑事的人不但没能吓到对方，反而被打败了。经此一事，再也没人敢去鱼蛋粉店闹事了。从此，潮州的鱼蛋粉开始在广州流传。

潮式鱼蛋的制作方法十分烦琐，要先去掉鱼皮、拆下鱼肉，然后将鱼肉打成肉浆。为了保证鱼肉不变质，在打浆的时候需要加入冰水或者冰块来保持低温。以前没有机器的时候，人们还需要用棍棒将鱼肉捶打至出胶，既费时又费力，鱼浆打好后要按压拌匀，加淀粉调好鱼浆质地后，就可以用鱼浆挤鱼蛋了。

鱼蛋粉

鱼蛋富含丰富的蛋白质、钙质和维生素，对人体有很大益处。后来，潮式鱼蛋的制作方法传到了香港地区，香港人沿用了潮州人惯用的鱼类，继承了制作鱼蛋的传统。

　　现在，虽然鱼蛋粉在潮州销声匿迹，但是这一美食在香港地区得到了传承。如今，在香港的大街小巷，随处可见鱼蛋粉店，可见人们对这种食物的喜爱程度。

三、台湾卤肉饭

　　卤肉饭是我国台湾地区的特色小吃，也是那里最常见、最经典的一种美食。香喷喷的米饭搭配独特的肉酱与肉汁，美味可口，让人回味无穷。

在我国台湾地区，几乎每一条街巷都有售卖卤肉饭的商家。卤肉饭在台湾家喻户晓，而且几乎家家都能做。不过，我国台湾地区南、北部制作卤肉饭的方法完全不同。在台湾北部和中部地区，卤肉饭的卤肉通常是鲜肉切碎后卤的，所以米饭上的卤肉比较细碎，这种卤肉饭又被称为"肉燥饭"；在台湾南部地区，卤肉饭所用的肉则是用整块五花肉直接卤制的，所以米饭上的卤肉多呈块状，这种卤肉饭又被称为"焢肉饭"。

　　其实，不仅是台湾地区南、北部的卤肉饭存在差异，就连同一个地区，甚至是同一条街巷的卤肉饭，味道也会有所不同。这也是有的卤肉饭店铺前总是排起长队的原因。

想要做出好吃的卤肉饭，肉的选择是很重要的。猪颈肉珍贵而稀少，有"黄金六两"之称，一些卤肉店曾以"带皮猪颈肉"为料，制作精致高端的卤肉饭。这种饭虽引来了一时热度，但并不持久，因为成本颇高。普通的卤肉饭，一般多选择新鲜五花肉，不仅卤出的肉更香，汤汁也更美味。

关于卤肉饭的起源，史料典籍中少有记载，倒是有一些民间传说一直流传到今天。据说，台湾卤肉饭到现在已有一百多年的历史。当时，社会生产力低下，人们主要以务农为生，所以日子过得非常贫苦，平时也难得吃上一回肉。只有逢年过节时，普通人家才舍得买一些边角料的碎肉，一家人一起吃。有时，大户人家也会拿出一些肉分给街坊邻居，但每户分到手中的也只是很小的一块。

聪明的主妇们将小块肉切成更小的肉块，然后加入洋葱、生姜等在锅里卤制。如此一番烹调，一小块肉就变成了一大锅卤肉汤。她们将卤肉汤淋浇在米饭上，再搭配上萝卜干、腌黄瓜，一碗美味的卤肉饭就做成了。在当时，卤肉饭是许多家庭难得的"大餐"，陪伴人们度过了艰难的岁月。

台湾卤肉饭以香、嫩、滑、鲜、甜为主要特色，卤肉酥软鲜嫩、鲜香可口，加上珍珠米饭和独特的酱汁，顿时使人食欲大增。现在，有些店家还会在卤肉饭的配方中添加特殊的调料，如花生碎、蛋皮、鱼露、豆干、豆酱等，让卤肉饭的口感更为丰富。

卤肉饭不仅是台湾地区具有代表性的美食，更承载着许多人的回忆。

四、蚵仔煎

　　蚵仔煎是我国闽南、台湾、潮汕地区的经典小吃，其主要原料为鲜海蛎、鸡蛋、红薯淀粉、韭菜、海鲜汁等。因地域差异和传承不同，各地的蚵仔煎有着不同的风味。

　　在我国闽南泉州及台湾地区，牡蛎被叫作"蚵仔"。蚵仔煎实际上就是将新鲜的牡蛎煎至七分熟后加上红薯淀粉和韭菜调成的糊，然后将这种糊煎至凝固的透明状，最后放上鸡蛋和青菜，两面煎熟，吃的时候再淋上番茄酱、酱油膏等调成的酱汁。

　　蚵仔煎最早的名字叫"煎食追"，台湾地区南部的老人都对这种传统小吃十分熟悉。在吃不饱的年代，人们发明了这种煎食，以此来替代粮食。

　　蚵仔煎是一种美味且富有营养的食物，它的原料牡蛎营养价值极高，具有美容养颜的功效。除了牡蛎，红薯淀粉也是蚵仔煎的关键食材。红薯淀粉中含有人体所需的多种营养成分，可以增强免疫力。

蚵仔煎起源于泉州和台湾地区。据说明朝时荷兰军队侵占台湾，郑成功率军从鹿耳门内海登陆，想收复被占领的土地。郑成功的军队一鼓作气打败了荷兰军，结果荷兰军一怒之下将米粮都藏了起来，想以此逼迫郑成功退兵。

但面对这样的情况，郑成功的军队很快就想出了应对的办法。他们就地取材，将当地特产牡蛎（蚵仔）和红薯粉混合加水煎成饼来吃，顺利解决了军粮问题，并收复了台湾。后来，这种吃法就流传了下来，并且受到当地人的喜爱。不过，真实的情况应该是：郑成功带领军队收复台湾时，随他们一同迁过来的还有福建、广东潮汕地区的人，正是这些人将蚵仔煎带入了台湾地区。

在今天的台湾地区，无论是在街边夜市的大排档还是在高档餐厅，都有蚵仔煎的身影。漫步在台湾夜市，小贩声声叫卖着，吸引着人们买下一份又一份热气腾腾的蚵仔煎。饱满的蚵仔、香气扑鼻的鸡蛋和浓郁的红薯糊及酱料，组成了鲜美嫩滑、甜中带咸的蚵仔煎，令食客们垂涎欲滴。

五、葡国鸡

葡国鸡是澳门的代表性美食，其主要食材有鸡肉、土豆、洋葱、鸡蛋、咖喱等。葡国鸡浓郁香醇，鸡肉鲜嫩可口。

说到澳门的特色美食，很多人可能首先会想到葡式蛋挞，不过葡式蛋挞并非澳门的传统美食，但葡国鸡却是当地特色美食。

葡国鸡的烹制方式是烤，其在制作过程中用到的香料和作料大多来自东南亚。先用咖喱粉、姜黄粉爆炒鸡肉，直到炒出香味，鸡肉五成熟时备用；烤盘里倒入椰奶、牛奶，再加入炒到七成熟的土豆；把鸡肉与土豆放入烤箱烤 20 分钟即可。

葡国鸡这道美食有几百年的历史。15 世纪初到 16 世纪，欧洲开始了"大航海时代"，葡萄牙人的航海船只不断穿梭于欧洲、非洲、东南亚及我国澳门等地。16 世纪中期，葡萄牙人在澳门获得了居住权，他们把一些饮食习惯也带到了澳门。

葡国鸡最主要的原料是鸡，然而在过去葡萄牙的传统菜系中，鸡肉所占的比重是很低的。在"大航海时代"，由于船上无法贮藏大量新鲜肉类，也不能携带大体积的补给物，因此鸡成为出海携带的新鲜肉源。16世纪我国正处于明朝时期，当时的葡萄牙人留居澳门，开始从广东沿海购进食材。16世纪中期到18

世纪，由于明清两朝对外贸交易进行了限制，澳门成为印度—南洋—日本—美洲的贸易中转地，澳门的经济也得到了飞速的发展，富裕的百姓也有财力购买肉类。

在这样的条件下，葡国鸡这种融合多种特色的澳门本土料理诞生了。葡国鸡不是葡萄牙的传统菜，却是"土生葡人"（指在中国澳门居住的葡萄牙人，或在澳门土生土长的葡萄牙后裔）的美食。"土生葡人"是澳门地区一个十分重要的族群，他们代表着澳门的文化多元性，其"土生葡人美食烹饪技艺"在2021年还被列入了第五批国家级非物质文化遗产代表性项目名录。

　　葡国鸡是澳门美食的瑰宝，代表了澳门的丰富历史和文化。